알아두면 쓸모 있는 과학 잡학상식

팬덤북스

· 일상생활에서 늘 궁금했던 과학 이야기 ·

알쓸과잡

알아두면 쓸모 있는 과학 ▷▷▷▷ 잡학상식

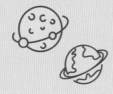
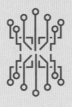

팬덤북스

프롤로그

과학은 전공자가 아니고서는 대체로 어려워한다. 하지만 과학만큼 우리에게 가까이 있는 것도 없다. 이 책은 여기서부터 출발했다.

지난 2018년 과학기술정보통신부 출입 기자단 워크숍에서 처음 만난 2명의 과학커뮤니케이터들은 말 그대로 과학을 갖고 놀았다. 생경한 경험이었다. 시종일관 그들에게서 눈과 귀를 뗄 수 없었다. 그때부터 한국과학창의재단 소속 과학커뮤니케이터들을 매주 만나 연재 기사를 실었다. 나 같이 천생 문과생들에게 과학을 보다 쉽게 전해 주고 싶었다. 과학을 막 배우기 시작하는 학생들에게 "과학 알고 보면 쉬워!"라는 메시지를, 과학이라면 그저 딴 세상 얘기인 줄 알고 살아가는 어른들에게는 "이미 과학 속에 살고 있어요!"라는 자각을 안겨 주고 싶었다.

일상생활에서 늘 궁금했던 과학 이야기를 담은 이 책 역시 같은 뿌리에서 시작했다. 4차 산업혁명 시대의 핵심 요체인 컨버전스Convergence · 융복합에 발맞춰 인문학과 자연과학의 만남이라는 콘셉트를 덧입혔을 뿐이다. 이 책을 통해서 독자들과 과학의 거리가 조금이라도 가까워질 수 있다면 좋겠다.

　더운 여름 한 아파트 고장 난 엘리베이터 앞에서 망연자실한 표정의 치킨 배달원을 대신해 자신의 이웃인 14층 주민에게 치킨을 손수 배달해 준 마음 따뜻한 목정완 과학커뮤니케이터에게, 그리고 그 외 이 책의 모태가 된 수십 명의 열정적인 '과학 전도사'님들에게 감사의 인사를 전한다. 끝으로 팬덤북스 박세현 대표님과 가족들에게도 인사를 하고 싶다.

목차

Chapter 3 ㅇ 알아두면 쓸모 있는 생물학 상식 🔍

CHAPTER 1

알아두면 쓸모 있는 **생리학·의학** 상식

1. '젊은 피' 수혈로 회춘할 수 있을까?

영원한 젊음

청춘! 이는 듣기만 하여도 가슴이 설레는 말이다. (중략) 보라, 청춘을! 그들의 몸이 얼마나 튼튼하며, 그들의 피부가 얼마나 생생하며, 그들의 눈에 무엇이 타오르고 있는가?

- 민태원의 〈청춘예찬〉 중 -

소설가 민태원은 〈청춘예찬〉에서 청춘을 생의 절정으로 찬미하면서, 청춘의 피 끓는 열정뿐만 아니라 청춘이 보유한 건강하고 활기찬 육체도 칭송했다. 이렇듯 청춘이란 두 음절의 단어는 그 어떤 말보다 파릇파릇하다. 과해도 부족해도 그저 그 자체로서 아름다운 시절이다. 무한한 가능성이 각각의 음절인 '청'과 '춘' 사이 어디쯤엔가 내포돼 있기 때문이다. 제 아무리 돈과 권력이 많은 사람이라도 이미 지나간 청춘은 되돌릴 수도 구할 수도 없다.

하지만 인간의 탐욕은 그리 간단치가 않아 가질 수 없는 것엔 더욱 집착하기 마련이다. '짐이 곧 국가'였던 절대왕정시대의 절대군주들에게 바로 이 가질 수 없는 청춘은 역설적이게도 그야말로 꼭 가져야만 하는

루카스 크라나흐의 〈젊음의 샘〉(1546)

지상 최대의 목표물이었음을 쉽게 짐작할 수 있다. 종종 그들은 수단과 방법을 가리지 않았다.

12세기 중엽 비잔틴 제국 황제 마누엘 콤네누스Manuel Comnenus 앞으로 한 통의 편지가 도착했다. 발신인은 '프레스터 존Prester John'이었다. 그는 스스로를 '인도에서부터 태양이 뜨는 수평선 끝까지를 영토로 다스리는 황제'로 칭했다. 더욱이 프레스터 존은 예수 탄생 당시 베들레헴에 들른 동방박사 세 명 중 한 명이 자신의 선조라고 밝혔다. 이 편지는 중세 유럽을 발칵 뒤집어 놨다. '신의 세계'에 대한 유럽인들의 공상을 비로소 충족시켜줬기 때문이다.

이 편지엔 소위 '젊음의 샘Fountain of Youth'이 등장한다. 편지에서 이 '젊음의 샘'은 "누구든지 그 샘물을 세 번 맛보게 된다면 그날로 모든 피로를 느끼지 않게 되고 여생을 서른 살처럼 보낼 수 있게 될 것이다."라고 묘사되었다. 물론 '젊음의 샘'은 전설 속 얘기일 뿐 실제 발견된 적은 없다. '영원한 젊음을 유지하겠다.'는 헛된 꿈을 꿨던 동서고금을 막론한

진시황의 초상화

최고 권력자들은 '젊음의 샘'에 필적할 만한 대체재 찾기에 몰두했다.

　중국 최초의 통일국가를 완성한 진시황은 불사영생不死永生을 꿈꾸며 불로초를 찾아 헤매다 결국 수은 중독으로 사망했다. 로마 교황 이노센트 8세는 임종 직전 생명 연장을 위해 소년 3명의 피를 마셨으나 며칠만에 숨지고 말았다. 이 뿐만이 아니다. 역사상 가장 끔찍한 연쇄살인마로 알려진 헝가리 왕국의 귀족 바토리 에르제베트는 자신의 미모와 젊음을 유지할 목적으로 젊은 처녀의 피로 목욕하고 마시기까지 했다고 전해진다.

과연 젊은 피로 노화가 멈출까?

그렇다면 젊은 피는 정말 노화를 방지하고 늙은 사람을 청춘으로 되돌려 줄 수 있을까? 이와 관련한 흥미로운 연구 결과가 있다. 2014년 미국 샌프란시스코 캘리포니아대UC샌프란시스코 의대 연구진은 인간의 20대에 해당하는 젊은 쥐의 피를 뽑아 인간의 60대에 해당하는 쥐에게 반복적으로 투여한 뒤 60대 쥐의 기억력을 측정했다. 결과는 놀라웠다. 젊은 피를 받은 60대 쥐는 아무런 조치를 취하지 않은 60대 쥐보다 기존에 봤던 물속의 숨겨진 장소를 훨씬 더 잘 찾아냈다. 젊은 피를 받은 늙은 쥐는 뇌의 해마기억을 관장하는 부위에서 뉴런신경계를 이루는 기본적인 단위 세포 연결이 다시 활성화되기 시작한 것이다. 연구진은 이 같은 결과에 대해 "젊은 피가 이미 노화한 해마의 구조와 기능 등을 바꾼 것으로 보인다."고 설명했다.

같은 해 미국 하버드 대학교 의대 연구팀도 비슷한 실험을 했다. 연구진은 젊은 쥐의 피에서 'GDF11Growth Differentiation Factor 11 · 성장분화인자 11' 이라는 단백질을 추출해 늙은 쥐에게 투여했다. 그러자 단백질을 투여한 늙은 쥐는 그냥 보통의 늙은 쥐보다 악력이 세지고 운동능력이 향상됐다. 뇌 속 혈관도 늘어나고 뉴런 역시 발달했으며 나이가 들어 감퇴했던 후각은 다시 예민해졌다. 이 GDF11 단백질은 인간에게도 존재하는 것으로 알려졌지만, 인간의 GDF11 단백질이 쥐의 것과 같은 역할을 하는지에 대해선 추가 연구가 필요하다고 연구진은 전했다. GDF11 단백질은 일명 회춘 단백질로 불리며 큰 반향을 불러 일으켰다. 당시 전 세계 의학계는 "시계를 늦추는 게 아니라 아예 거꾸로 되돌릴 길이 열렸다." 며 격앙됐다. 만약 이 단백질이 인간에게도 같은 효과를 낸다면 치매 등 노화로 인한 질병에 신기원이 열릴 수 있기 때문이었다.

과거에도 '젊은 피로 회춘할 수 있다'는 통설을 증명하기 위한 실험이 없었던 것은 아니었다. 이미 1950년대 미국 코넬 대학교 연구진은 젊은 쥐와 늙은 쥐의 옆구리를 접합해 피가 섞이도록 한 결과 늙은 쥐의 연골이 튼튼해지는 것을 발견하기도 했다. 다만 당시의 과학 지식은 이 원리를 설명하지 못했을 뿐이다.

다행히 추후 다른 과학자들은 나이가 들수록 점점 감소하는 혈액 속 단백질 'GDF11'이 늙은 쥐의 몸속으로 들어가 잠자고 있던 줄기세포를 다시 깨워 새로운 세포를 만들어 내는 것이란 사실을 밝혀냈다.

이런 연구 결과가 나오자 미국 캘리포니아의 스타트업 '암

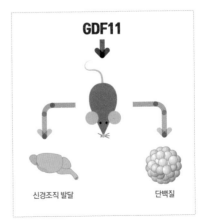

GDF11

신경조직 발달   단백질

브로시아'는 16~25살 건강한 청년들의 혈액을 공급받아 35살 이상 신청자들에게 주입하는 사업을 2018년 시작했다. 1리터에 8,000달러약 900만 원의 비싼 가격에도 회춘에 대한 갈망으로 손님은 끊이지 않았다. 하지만 2019년 2월 미국 식품의약국FDA은 노화 방지를 위해 젊은 사람의 혈장을 수혈받는 것은 효과가 없을 뿐만 아니라, 인체 거부 반응이나 감염 등 치명적인 위험이 있다고 경고했다. 암브로시아는 FDA의 성명이 발표된 후 수 시간 만에 수혈 치료 중단을 선언했다. 논란만 남긴 채 회춘의 영약으로 큰 인기를 끈 젊은 피 수혈은 중단됐다. 회춘 단백질로 알려진 GDF11 단백질이 오히려 나이가 들수록 증가하면서 골밀도를 감소시키고 근육생성을 저하시킨다는 정반대의 연구 결과도 나왔던 터다.

2. 왜 우유를 마시면 배가 아플까?

젖과 꿀이 흐르는 가나안

성경은 가나안Canaan · 현재 팔레스타인 지역을 "젖과 꿀이 흐르는 땅"이라고 표현하고 있다. 여기서 젖은 우유를 가리킨다. 인간이 우유를 마시기 시작한 것은 성경이 만들어지기 훨씬 이전부터로 오래됐다. 기원전 3500

존 클라크 리드패스의 〈유프라테스 강 유역〉(1885)

년 경의 것으로 추정되는 유프라테스euphrates 계곡 근처에서 발견된 벽화에는 소의 젖을 짜는 사람 모습, 젖을 그릇에 받는 모습 등이 새겨져 있다고 한다.

우리나라에서도 삼국시대부터 우유를 마셨을 것으로 추정된다. 백제 마지막 왕인 의자왕 말년에 복상이라는 백제인이 일본에 귀화를 하는데, 복상은 그곳에서 당시 일본 왕이던 고토쿠에게 우유를 짜서 바쳤다고 한다. 난생 처음 우유라는 것을 마셔 본 고토쿠는 매우 기뻐하며 복상에게 벼슬을 내림은 물론 자손 대대로 우유 짜는 일을 물려주게 했다고 전해진다. 일본에 우유를 전파해 준 이른바 '우유 조상'은 우리 조상인 백제인이었던 셈이다.

고려시대엔 우왕이 국가상설기관으로 유우소乳牛所라는 관청을 두고 우유를 짜게 했고 우유를 이용해 다양한 가공식품도 개발해 먹었다고 한다. 물론 우유는 왕족과 귀족 등 높은 지위 사람들만 먹을 수 있었다. 조선시대 초기 김종서와 정인지가 지은 고려시대 역사서《고려사高麗史》등의 기록을 보면 고려시대 상류층 사이에 우유 및 그 가공식품의 인기는 상당해서 소들이 혹사당하는 일이 잦았던 것으로 보인다.

고려 명종 때 한 신하가 왕에게 "요즘 팔관회국가적 종교행사로 인해 궁중에서 약을 달이는 데 쓰기 위해 의관들이 서울 근처의 소의 젖을 짜서 달여 연유를 만드는데 그로 인해 암소와 송아지가 다 상합니다."라고 고하자 왕이 이를 중지하게 해 백성들이 기뻐했다는 내용이 나온다. 또 1385년에 우왕이 유우소를 지나가다 야윈 소를 보고 "소가 왜 저리 말랐느냐?"고 물으니 "소는 젖을 많이 짜서 그렇고 송아지는 젖을 못 먹어 그렇습니다."고 하자 우왕이 대노하며 락酪·우유를 발효시킨 음료을 바치지 말라고 했다는 기록도 나온다.

조선시대에도 우유에 관한 기록은 차고 넘칠 정도다. 그러나 그때까지만 해도 우유는 일부 양반층에서만 소비되던 특식이자 보양식이었을 뿐

대중식품은 아니었다. 우유가 일반인에게도
점차 퍼지기 시작한 계기는 1902년 대한제
국의 농상공부 기사로 있던 프랑스인 쇼트
Short 씨가 본국에서 젖소의 한 품종인 홀스
타인 Holstein 10여 두를 도입해, 현재의 서울
신촌역 부근에 우사를 짓고 사육해 착유한
우유를 판매하면서부터였다. 우유의 상업적
유통에 가장 큰 공을 세운 사람은 프랑스의
화학자이자 미생물학자인 루이 파스퇴르

파울 나다르의 루이 파스퇴르(1878)

Louis Pasteur다. 그는 1862년 우유 저온살균법을 세계 최초로 개발함으로
써 현재 우리가 소비하는 형태의 우유를 가능하게 했다.

왜 우유는 배를 아프게 하나?

우유엔 영양소 흡수를 도와주는 단백질인 카제인이라는 이름의 단백질
이 많다. 특히 칼슘이나 철 등 부족하기 쉬운 미네랄 흡수를 촉진시킨다.
칼슘이 함유된 식품은 우유 외에도 많지만 음식으로만 칼슘을 섭취할 경
우 흡수율이 높지 않다는 단점이 있다. 소량의 칼슘만 흡수되고 나머지는
배출돼 버리기 때문에 우리의 몸은 칼슘이 부족하기 쉽다.

　하지만 흰 우유에는 카제인이 많기 때문에 다른 식품에 비해 칼슘의
흡수율이 높다. '우유를 많이 먹으면 키가 큰다.'며 어렸을 때 우유 먹기
를 지나치게 강조하는 것도 결국 우유가 뼈 건강과 성장을 돕는 칼슘의
흡수율이 높은 식품이기 때문이다. 시금치, 브로콜리 등 녹색 채소도 높
은 칼슘 함량을 자랑하지만 체내 흡수율은 10% 안팎에 지나지 않는다.
반면 우유나 유제품의 경우 칼슘 흡수율은 30~40%에 달한다. 단백질이

나 칼슘뿐만 아니라 우유는 송아지의 발육에 필요한 모든 영양소를 골고루 함유하고 있어 완전식품으로까지 불리기도 하지만 동양인은 서양인에 비해 태생적으로 우유 소화 능력이 떨어진다.

우리는 그런 이유로 우유를 마시면 배가 아픈 사람들을 주위에서 어렵지 않게 볼 수 있다. 우유를 마실 경우 복통, 설사, 방귀, 복명腹鳴·장에서 나는 소리 등의 증상으로 화장실로 직행하기 일쑤인 사람들은 의외로 많다. 이런 사람들에겐 우유는 물론 우유가 들어간 커피인 카페라테도 꺼려지긴 마찬가지다.

왜 우유를 마시면 배가 아픈 걸까. 이것은 우유에 들어 있는 유당젖당·lactose이라는 성분 때문이다. 유당은 포유류의 젖 속에 들어 있는 이당류로 모든 포유동물의 유즙에 약 5% 정도 함유돼 있다. 우리나라 성인의 75% 즉 4명 중 3명은 이 유당을 포도당글루코스·glucose과 갈락토스galactose로 가수분해할 때, 촉매로 사용하는 효소인 락타아제lactase가 없거나 부족하기 때문에 유당을 제대로 분해하지 못한다. 이를 유당불내증乳糖不耐症·Lactose intolerance이라고 한다.

이당류二糖類인 유당을 단당류單糖類인 포도당과 갈락토스로 분해할 때 촉매로 사용되는 효소인 락타아제는 소장 벽에 있는 미소융모絨毛 부위의 점막세포에서 분비된다. 선천적으로 이 효소가 거의 없는 경우도 있지만 보통의 경우 이 효소는 영아기의 소장 내엔 풍부히 존재하다가 이유기 이후부터 서서히 감소한다.

우유를 마시면 탈을 겪는 사람들도 요구르트나 치즈 같은 유제품은 별 탈 없이 잘 먹는 이유는 이 같은 유제품들은 발효를 거치면서 유당의 함량이 줄어들기 때문이다. 물론 유당불내증이 심한 경우엔 이 같은 발효유제품도 먹기 힘들다.

그렇다면 유당불내증 환자들이 배탈 걱정 없이 우유를 마실 수 있는 방법은 없을까. 물론 답은 '예스'다. 유당lactose이 없는 우유라는 뜻의 '락

토프리Lacto-free 우유'를 마시면 된다. 최근 몇 년 간 이 시장이 급격히 커
지면서 각 우유업체들은 앞다퉈 락토프리 우유를 내놓고 있다. 이들은
미세 필터를 이용해 유당을 걸러내거나 락타아제를 투입해 유당을 분
해하는 방법을 쓴다.

　유당불내증으로 카페라테를 마시지 못하는 고객들을 위해 일부 커피
프랜차이즈에서는 우유 대신 두유나 락토프리 우유를 카페라테에 넣어
주는 경우도 있다. 유당불내증이 있는데 카페라테를 마시고 싶다면 미
리 이에 대한 정보를 확인하거나 매장에서 두유나 락토프리 우유로 변
경 가능한 지 물어보는 게 좋다.

　'국민 두유'로 유명한 베지밀Vegemil ·
채소를 뜻하는 'Vegetable'과 우유를 뜻하는 'Milk'
의 합성어의 탄생도 유당불내증에서 출발
한다. 소아과 의사였던 정식품의 고故
정재원 창업주가 유당불내증을 앓는 아
이들을 살리기 위해 1967년 치료용으로
두유를 만든 게 그 시초다.

1967년 첫 생산된 베지밀(출처 : 정식품)

3. 스스로 '꿈' 인식·통제하는 자각몽의 세계 🔍

꿈의 유토피아와 꿈의 부족

'꿈의 부족'이라 불리는 사람들이 있었다. 말레이시아 산악민족인 '세노이 부족' 얘기다. 이상적인 부족이라는 의미가 아니라, 잘 때 꾸는 꿈을 매우 소중하게 다룬 부족이라는 점에서 이렇게 불렸다. 세노이 부족은 범죄와 정신병이 전혀 없는 사회였다고 전해진다. 이들은 매일 아침 가족 전체가 모여 전날 밤 자신들의 꿈에 나타난 것들에 대해 토론을 했다. 이들이 토론할 때 가장 중요하게 생각한 규칙은 꿈에 있는 어떤 위험이라도 직면하고 정복하는 것이었다.

꿈의 부족으로 불린 세노이 부족

한 아이가 호랑이에게서 공격당한 꿈을 꿨다면 그 아이의 부모는 꿈에서 호랑이가 꿈을 꾼 아이를 해칠 수 없고, 다음엔 아이가 호랑이를 공격할 수 있도록 용기를 북돋아 주는 방법을 쓴다. 그럼에도 그 아이가 자신이 호랑이와 싸울 만큼 충분히 강하다고 느끼지 못할 경우, 보통은 아이를 돕기 위해 부족의 노인을 '꿈 친구'로 부르는 또 다른 방법을 쓴다. 아이는 그 '꿈 친구'에게서 호랑이를 피해 굴 속으로 들어가는 방법을 배웠다. 불길에 휩싸여 위험에 처한 꿈을 꾼 아이는 물을 뿌려 불을 끌 수 있다는 것을 꿈 친구에게서 배웠다.

이런 일련의 의식은 아이들에게 대단히 긍정적인 영향을 끼쳤고 그 결과 세노이 부족의 어린이들은 십대가 될 때까지도 악몽을 꾸지 않았다고 한다. 모든 꿈에서 긍정적인 경험을 얻었기 때문에 이 부족은 신경쇠약이나 그 밖의 정신병에서 자유로울 수 있었다. 이는 물론 어릴 때부터 자신의 꿈을 다루도록 끊임없이 훈련을 받은 것에서 비롯됐다.

꿈에서 최대한 많은 친구들을 만드는 것 역시 이들은 중요하게 여겼다. 꿈에서 악의를 품은 사람들 역시도 이 꿈을 꾼 어린이의 친구로 만듦으로써 결국 정복하게 했다. 이 부족 어린이들에게 꿈은 무한한 가능성을 발견하기 위한 일종의 설레는 여정이었던 셈이다. 그들은 꿈에서 커다란 기쁨을 얻고 항상 꿈을 긍정적으로 인식하면서 용기를 얻었다. 세노이 부족의 이 같은 꿈을 긍정적으로 통제하는 멋진 전통은 제2차 세계대전을 겪으며 사실상 종적을 감추고 말았다. 일본이 말레이시아를 점령해 대량학살을 일으킬 때 부족 사회 전체가 거의 소멸되고 말았기 때문이다.

꿈은 개개인의 무의식이나 잠재의식 깊은 곳에 내재된 의식을 말한다. 스스로 통제할 수 없는 경우가 대부분이지만 꿈은 일상생활에 알게 모르게 영향을 미친다. 악몽을 꾼 뒷날은 행동거지를 조심하고 길몽을 꾼 다음날은 복권을 사는 식의 소소한 변화일지라도 말이다. 그런데 꿈 중에는 일반적인 꿈과는 다른

프레데릭 반 에덴(1903)

조금 특별한 꿈도 있다. 잠을 잘 때 꾸는 꿈은 보통 그게 꿈인지 현실인지 구분을 못한다. 하지만 가끔 자고 있는 사람이 스스로 꿈이라는 것을 자각하면서 꾸는 꿈이 있다. 이를 자각몽Lucid dream · 自覺夢이라고 한다.

자각몽은 병일까?

이런 자각몽이 대중에게 알려진 것은 비교적 최근이지만 이에 대한 학문적 탐구의 역사는 비교적 오래 전 일이다. 자각몽이라는 용어는 1822년 프랑스에서 처음 사용됐으며, 의학적으로는 1913년 네덜란드의 정신과 의사이자 작가였던 프레데릭 반 에덴Frederik van Eeden이 쓴《꿈의 연구》라는 책에 처음 실렸다. 자각몽을 과학적으로 증명한 것은 1970년대 영국의 키드 헌Keith Hearne과 미국의 스티븐 라버지Stephen LaBerge라는 두 과학자였다. 이들은 자각몽이 렘REM · Rapid Eye Movement수면 기간에 일어나며 평범한 렘수면과 공통된 특징이 아주 많다는 사실을 입증했다.

1970년대 두 사람 모두 자각몽을 꾸는 사람들이 꿈꾸는 동안 계속해서 안구의 움직임을 통해 미리 약속한 신호를 보내주면 이를 입증할 수 있겠다고 생각했다. 렘수면 즉 꿈을 꾸는 수면 단계에서는 뇌에서는 꿈을 꾸되 꿈의 내용이 행동으로는 발현되지 못하도록 호흡이나 생명에

◀◀ 영국 심리학자
키드 헌

◀ 미국 심리학자 스티븐
라버지

필수적인 기관들을 제외하고 우리가 사용하는 대부분의 근육은 마비된다. 눈의 근육은 렘수면 기간 동안 마비되지 않는 근육이었고 이들은 눈 근육을 이용해 자각몽을 입증했다.

헌과 라버지는 각자 실험을 고안했는데, 각각의 실험에서 자각몽을 꾸는 사람은 렘수면 상태에서 사전에 약속한 방식으로 천천히 안구를 움직임으로써 관찰자에게 현재 자각몽을 꾸는 중이라는 신호를 보냈다. 자각몽을 꾸는 피험자가 신호를 보내는 동안 그 피험자는 뇌파검사 Electroencephalogram : EEG를 통해 렘수면 상태에 있음이 입증됐다.

자각몽에서 영감을 받아 제작된 크리스토퍼 놀란Christopher Nolan 감독의 영화 〈인셉션〉을 보면 등장인물들이 스스로 자신의 꿈을 설계하는 모습이 생생하게 나온다. 자각몽은 단순히 흘러가는 대로 체험하는 일반적인 꿈과는 달리 꿈을 자각하고 거기에 맞춰 행동하고 꿈을 조종할 수도 있다. 일반적인 꿈과 달리 깨어나서도 꿈의 내용을 생생히 기억할 수 있다. 바로 자신만의 세상을 창조하거나 본인이 상상하는 대로의 세상에서 색다른 경험을 해볼 수 있는 게 자

크리스토퍼 놀란의 영화 〈인셉션〉 포스터

각몽이다. 만약 하늘을 날고 싶으면 날 수 있고 보고 싶은 사람이 있으면 볼 수 있는 그런 게 가능하다는 뜻이다.

이처럼 자각몽은 굉장히 흥미로운 경험이지만 누구나 꾸고 싶다고 꿀 수 있는 것은 아니다. 대체로 아주 드물게 경험할 수 있는 특별한 경험이다. 상황이 이렇다 보니 자각몽을 꾸는 데 도움이 되는 스마트폰 애플리케이션이 개발되기도 하고 자각몽을 잘 꾸기 위한 경험을 공유하는 동

호회도 생겨나고 있는 추세다. 자각몽을 과학적으로 분석하고 연구하려는 시도는 세계 곳곳에서 이뤄지고 있다. 최근 외국의 한 연구는 자각몽을 꾸게 하는 방법을 소개해 화제가 되기도 했다.

꿈을 꾸는 동안 우리의 뇌는 깨어 있을 때처럼 활동을 하는데 가끔씩은 보통의 꿈꾸는 상태보다 더 활발하게 활동할 때가 있었다. 확인을 해보니 이는 바로 자각몽이었다. 바로 여기에 착안해 자각몽을 겪어보지 못한 사람들을 대상으로 꿈꾸는 동안 뇌에 자극을 줘 그 활동을 증가시켰더니 70%가 넘는 확률로 자각몽을 경험했다.

만약 자각몽 관련 연구가 활발해지고 자각몽을 꿀 수 있는 장치나 방법이 대중화돼 우리 모두가 자각몽을 원할 때 꿀 수 있다면 어떻게 될까? 매일 잠자는 시간이 무척 기다려질 수도 있을 것이다. 하지만 이 같은 자각몽은 단순히 개인의 스트레스 완화 및 정서적 치유를 위한 목적뿐만 아니라 각종 인지실험이나 의학적 치료로서도 사용될 수 있다는 점에서 더욱 주목받고 있다.

4. 희귀 유전질환과 유전자 치료의 '꿈'

피가 멈추지 않는 희귀병

작은 상처에도 피가 멎는 데 한참이 걸리는 희귀 유전병인 혈우병血友病·hemophilia은 유대인들의 전래서인 《탈무드》에도 언급될 정도로 오래된 병이다. 이 병은 혈액 내에 피를 굳게 하는 물질인 응고인자가 부족해 발생하는 출혈성 질환인데, 대부분 유전에 따른 선천성이지만 환자의 20~30%는 가족력 없이 돌연변이에 의해서도 발생한다. X염색체의 유전자 돌연변이가 원인이기 때문에 거의 모두 XY염색체를 갖는 남성에게만 발생한다. 다만 원인이 되는 유전자 이상은 어머니로부터 물려받는다. 이는 보인자保因者·Carrier·숨겨져 있어서 나타나지 않는 유전 형질을 지니고 있는 사람인 어머니 아래에서 혈우병을 가진 남자 아이가 태어날 확률은 높다는 의미다.

혈우병 환자는 보통 사람에겐 흔한 가벼운 부상에도 쉽게 피가 나고 지혈도 잘 안 돼 심할 경우 사망에 이르기도 한다. 1960년대 초까지 혈우병 환자의 평균 수명은 약 25살에 불과했을 정도로 치명적인 병이었다. 남자 아이 약 1만 명 중 1명꼴로 발생하는 이 병은 '왕가의 병The Royal

Disease'이라고도 불렸는데, 이 병 때문에 러시아 혁명이 앞당겨지는 등 유럽 역사에 적잖은 영향을 끼친 병이다.

왕가의 병, 혈우병?

해가 지지 않는 대영제국 최전성기를 이끌었던 빅토리아 여왕은 혈우병 보인자였다. 빅토리아 여왕은 5명의 딸과 4명의 아들을 뒀는데 그 가운데 딸 2명이 혈우병 보인자였고 1명의 아들은 혈우병 환자였다. 이런 이유로 그녀의 자손들이 성장해 유럽 다른 나라의 왕가와 결혼하면서 혈우병이 유럽 여러 왕가로 퍼지게 됐다. 특히 혈우병 보인자인 빅토리아 여왕의 손녀 알렉산드라가 러시아 왕가로 시집을 가게 되면서, 러시아

왕가의 병 혈우병을 앓았던 빅토리아 가문

왕가에도 혈우병이 전해져 결국 러시아 로마노프 왕조의 붕괴를 가져오는 계기를 제공한다. 알렉산드라가 러시아 로마노프 왕가의 황제 니콜라스 2세와 결혼해 혈우병 환자인 알렉세이 황태자를 낳는데 이 병을 치료하겠다고 나선 이가 다름 아닌 요승 라스푸틴이었다.

라스푸틴이 알렉세이를 지혈할 때마다 신기하게도 알렉세이가 안정을 찾자 라스푸틴은 귀족 작위를 받는 등 황후 알렉산드라의

러시아 요승 그리고리 라스푸틴

절대적인 지지를 얻게 되고 라스푸틴은 이때부터 각종 부정부패를 저지르며 전횡을 일삼았다. 이런 와중에 라스푸틴은 1905년 1월 상트페테르부르크에서 평화 시위에 나선 노동자들에게 일제 사격을 가하도록 해 1,000명 이상의 노동자들을 대학살한 '피의 일요일' 사건을 저질렀다. 훗날 이 사건은 러시아 혁명의 발단이 돼 로마노프 왕조는 몰락하고 말았다. 전염병이 세계 역사를 바꾼 경우는 많아도 이처럼 유전병이 세계 역사의 흐름을 바꾼 것은 혈우병이 거의 유일하다.

피부 이식을 통한 혈우병 예방법

2017년 11월 이탈리아와 독일 등의 국제공동연구진은 기적 같은 일을 만들어냈다. 바로 희귀 유전병으로 죽음의 문턱에 다다른 하산이라는 9살 소년을 살려낸 것이다.

하산은 태어날 때부터 연접부 수포성 표피 박리증JEB이라는 희귀 유전병을 갖고 있었다. 약한 피부로 끊임없는 수포물집가 생겨 피부가 벗겨지고 만성 영양결핍과 성장저하에 시달리는 이 병은 평균 기대 수명

이 2년일 정도로 치명적인 유전병이다. 소년은 전체 피부의 약 80%가 벗겨져 화상을 입은 것처럼 시뻘겋게 진피가 드러난 상태였다. 피부는 바깥쪽부터 크게 각질, 표피, 진피로 구분된다. 이 병은 피부의 표피와 진피가 떨어지지 않게 고정을 담당하는 특수 콜라겐 같은 단백질이 결핍돼 제대로 작동하지 못해 발생한다. 표피는 우리 몸 면역 시스템의 첫 관문으로 표피가 없으면 각종 외부 세균 감염에 취약해질 수밖에 없다.

줄기세포를 활용한 피부 이식을 시도하기로 한 국제연구진은 먼저 소년에게서 4cm²의 피부 조직을 채취했다. 다음으로 이 피부 조직에서 얻은 줄기세포에 돌연변이가 없는 정상 유전자를 넣은 바이러스를 주입했다. 이후 이 세포를 통해 만들어진 표피를 소년의 벗겨진 피부에 이식했다. 놀랍게도 약 8개월이 지난 뒤 소년은 대부분의 피부가 정상 피부로 돌아오는 기적을 경험했다. 이 같은 치료법은 유전자 치료 기술 중 하나로 바이러스 벡터Virus Vector 기법이라고 한다.

전 세계 약 70억 명의 인구 중 10%정도는 크고 작은 유전성 질환을 갖고 태어나는 것으로 알려져 있다. 약 7억 명 정도가 경미한 수준부터 치명적인 단계까지 유전병을 갖고 있다는 얘기다. 현재 의료계와 생명공학계에서 시도 중인 유전질환 치료 기법으로는 하산을 치료한 바이러스 벡터 외에도 유전자 전압 차 주입Gene electroporation, 유전자 총Gene gun, 리포좀 수용현상기법Lipofection 등이 있다. 비정상의 유전자를 가진 몸 안에 정상 유전자를 주입하는 형질도입이 유전자 치료의 기본 개념이다.

가장 어려운 작업은 세포막 뚫기다. 세포의 내외부를 경계 짓는 세포막은 지방 성분인 인지질 이중층으로 돼 있는 반면, 유전자DNA는 물에 잘 녹는 성분으로 돼 있기 때문에 세포막을 뚫고 유전자를 주입하는 게 쉽지 않다. 이런 이유로 유전자 치료 기법은 세포막을 뚫는 방법론적 차이에서 비롯된다. 유전자 전압 차 주입은 '전기천공법'으로도 불리는 기술로 인위적으로 세포막에 전기자극을 가해 구멍을 뚫어 유전자를 넣어 주는 방식이다. 적당한 조건을 맞춰주면 비교적 높은 효율성을 기대할 수 있는 유전자 도입법 중 하나다.

리포좀 수용현상기법은 인간이 원하는 물질을 세포 내로 전달하기 위해 인위적으로 만든 인지질 막인 '리포좀'을 이용하는 방법이다. 이 리포좀은 세포막과 주성분이 비슷하기 때문에 정상 유전자를 넣은 리포좀을 세포막에 접근시키면 융합 작용이 이뤄지며 원하는 유전자가 주입되는 물리화학적인 방식이다.

유전자 총 기법은 간단히 말하면 유전자총알를 세포과녁에 고속으로 쏘는 방식이다. 생체 내에서 반응성이 가장 약한 금속 중 하나인 금의 미세 입자에 원하는 유전자를 코팅하고 이를 고속으로 세포막으로 날려 보내 이를 뚫는다. 높은 기압차를 이용한 생명공학 기술의 하나로 주로 품종 개량 곡물 생산에 사용되고 있다. 이 기술들은 아직까지는 아쉽게도 인체의 유전성 희귀질환에 대해선 임상 단계 수준이다.

5. 신의 영역 '유전자'에 '가위'를 들이대다

바이러스와 면역의 관계

세계 3대 유산균 제조업체 다니스코현 듀폰 다니스코는 2007년 세계 3대 과학 저널 《사이언스Science》에 놀라운 연구 결과를 게재한다. 다니스코 연구진이었던 로돌프 바랭고 박사와 필리피 호바스 박사는 유산균의 떼 죽음 문제를 해결하기 위해 연구를 진행하던 중 유산균을 잡아먹는 '박 테리오파지bacteriophage'의 공격에서 살아남은 유산균들에서 공통점을 찾았다. 이들은 박테리오파지라는 바이러스의 공격을 받은 유산균이 죽 지 않고 살아남은 이유가 크리스퍼CRISPR · Clustered Regularly Interspaced Short Palindromic Repeats로 습득된 면역현상 때문임을 밝혔다. 유산균이 바이러 스에 감염되면 바이러스가 지닌 DNA 일부를 잘라내 크리스퍼 형태로 자신의 DNA 속에 갖고 있다가 나중에 같은 바이러스가 침투할 경우 이 를 감지하고 면역반응을 일으켜 물리친다는 것으로 크리스퍼의 역할을 규명한 것이다.

앞서 1987년 일본 오사카대 소우 이시노 박사 연구팀은 대장균의 단백질 유전자를 연구하다가, 바이러스 공격을 받았던 대장균의 DNA

에서 일정한 간격을 두고 반복되는 특이한 짧은 염기 서열을 발견했다. 즉 앞뒤가 같은 서열인 짧은 회문구조回文構造가 간격을 두고 반복되는 구조의 집합체인 크리스퍼CRISPR를 처음 찾아낸 것이다. 그로부터 20년

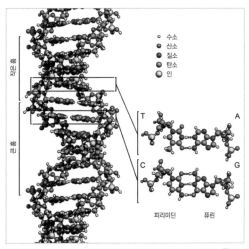

DNA 구조도

이 지나 한 유명 요구르트 회사 연구진이 바이러스 공격에도 살아남은 유산균에서 크리스퍼의 역할을 찾아낸 것은 유전자 가위 기술 탄생에 산파 역할을 했다. 현대 의학에 새로운 가능성을 제시하며 주목받고 있는 유전자 가위 기술이 우리가 늘 마시는 요구르트를 만드는 회사에서 시작했다는 사실이 흥미롭다.

2018년 11월 중국에서 전 세계 생명과학계를 발칵 뒤집어 놓은 일대 사건이 있었다. 바로 홍콩에서 열린 '국제유전자편집회의'에서 중국 남방과학기술대 허젠쿠이 교수가 배아 상태에서 유전자를 편집해 에이즈AIDS·후천성면역결핍증에 면역력을 가진 쌍둥이 일명 '디자이너베이비'가 탄생했다고 발표했던 것이다.

중국뿐만 아니라 세계 각지에서 이에 대한 논란은 뜨거웠고 미국 매사추세츠공과대학교MIT와 독일 막스플랑크연구소를 비롯한 세계 7개국 18명의 관련 분야 학자들은 2019년 3월 향후 최소 5년 간 인간 배아

의 유전자 편집 및 착상을 전면 중단하고 이 같은 행위를 관리 감독할 국제기구를 만들어야 한다는 내용의 공동성명서를 국제학술지 《네이처》에 발표하기도 했다.

유전자 가위 기술의 탄생

허젠쿠이 교수가 사용한 유전자 편집기술은 3세대 유전자 가위 기술인 크리스퍼-캐스9CRISPR-Cas9이었다. 유전자 가위는 동식물 유전체에서 원하는 부위의 DNA, 즉 유전자의 잘못된 부분을 제거해 해당 문제를 해결하는 기술이다. 유전자에 결합해 특정 DNA부위를 자르는 데 사용하는 인공 효소로 쉽게 말하면 유전자 짜깁기 기술이다. 이 기술은 인류의 미래를 바꿀 중대한 과학적 성과 중 하나로 손꼽히며 활발히 연구되고 있는 분야로 빠르게 진화를 거듭하고 있다.

3세대 기술인 크리스퍼 유전자 가위는 교정하려는 DNA를 찾아내는 가이드 RNA리보핵산와 DNA를 잘라내는 Cas9 단백질로 구성돼 있다. 이 기술을 이용하면 유전자를 잘라내고 새 것으로 바꾸는 데 길게는 수 년씩 걸리던 것을 며칠로 줄일 수 있으며 동시다발적으로 여러 부위의 유전자를 편집할 수도 있다. 치료가 어려운 여러 유전 질환을 치료할 수도 있고 손쉽게 농작물의 품질도 개량할 수 있다.

여기에서 더 나아가 최근에는 4세대 유전자 가위로 불리는 염기 편집기술까지 나왔다. 4세대 유전자 가위는 3세대와 달리 DNA 이중가닥을 자르지 않고도 원하는 염기를 선택해 교체할 수 있다. 이 때문에 머잖아 단일 염기의 돌연변이로 발생하는 질환을 치유할 수 있을 것으로 기대를 모으고 있다. 특정 생물의 유용한 유전자를 다른 생물의 세포에 주입해 새로운 특성을 발현하는 기술인 유전자 재조합 기술과는 다르다.

유전자 재조합 기술은 유전자가 제대로 들어가지 않거나 잘못된 위치로 들어가는 경우가 대부분이어서 운이 따라주지 않으면 성공까지 오랜 시간이 걸린다. 다만 앞서 언급한대로 유전자 가위 기술은 여전히 생명 윤리의 영역에서는 뜨거운 감자다. 여기에 예측하기 어려운 부작용이 일어날 수 있는 가능성도 배제할 수 없다는 것도 과제다.

6. 내게 최적인 약을 선택하는 방법은? 🔍

양귀비와 아편

당나라 현종의 후궁이었던 양귀비처럼 아름다운 꽃이라 하여 이름 붙여진 양귀비는 진정 및 진통 효과가 탁월해 동서양을 막론하고 오랫동안 약으로 사용돼 왔다. 정확히는 양귀비에서 채취한 아편이 그랬다. 꽃잎이 떨어지고 통통하게 부풀어 오른 양귀비의 덜 익은 꼬투리에 상처를

율리어스 기에르의 〈프르드리드리히 제르튀르너〉(1830)

내면 우유 모양의 즙이 나오는데 이것을 공기 중에서 건조하면 갈색 내지 암갈색의 아편이 된다. 사람들은 아편을 아주 오래전부터 진통제, 설사제, 기침약 등으로 사용하며 일부에선 이를 만병통치약처럼 여기기도 했다. 19

세기에는 아편이 보편화돼 "아편 없이는 치료도 없다."라고 할 정도가 됐고 그만큼 중독 환자들도 많아졌다. 아편은 역사상 가장 부도덕한 전쟁으로 꼽히는 아편전쟁을 일으킬 만큼 중독성이 강했다.

아편에서 얻은 모르핀

아편은 여러 가지 성분을 갖고 있는데 1805년 독일의 약사 프리드리히 제르튀르너Friedrich Sertürner가 아편의 유효 성분인 모르핀morphine을 발견하면서 현대 의약품의 출발을 알렸다. 그전까지는 아편처럼 자연에서 얻은 생약 그 자체를 사용했다. 천연물에서 약이 되는 물질만 순수하게 분리한 모르핀은 인류 최초의 현대 의약품이 됐다.

제르튀르너는 독일 북서부 파더보른Paderborn에 있는 약국 실험실에서 여러 가지 용매를 이용해 아편을 추출하던 중 암모니아수로 추출한 액에서 새로운 결정을 발견했다. 이것을 분리·정제해 쥐와 개에게 먹였더니 쥐와 개는 계속 잠이 든 상태에서 결국 죽고 말았다. 그 후 제르튀르너는 자신의 몸을 직접 실험 대상으로 삼았다. 약의 효과는 대단해 제르튀르너는 반쯤 혼수상태에 빠지고 말았다. 그는 구토 유발 약을 먹어가며 약의 독성을 제거하려고 했지만 완전히 깨어나는 데는 며칠이 걸렸다. 제르튀르너는 이 성분이 아편의 효과를 야기하는 성분임을 확인하고 그리스 신화에 나오는 '꿈의 신' 모르페우스Morpheus의 이름을 따서 모르핀morphin이라고 명명했다.

약국에서 처방전 없이 사는 일반 의약품의 사용설명서에 보면 복약 시 주의사항이 빼곡히 적혀 있는 걸 확인할 수 있다. 의사의 처방전을 받는 전문 의약품도 약국에서 복약 지도를 한다. 약은 모든 사람에게 공평하게 효과를 제공하지 않는다. 사람마다 약에 대한 반응이 다른 것이다.

제약사가 신약을 개발하려면 그 약의 안전성과 유효성을 검증하기 위해 1~3상 단계별로 적게는 몇 십 명에서 많게는 수천 명을 대상으로 임상 실험을 진행해야 한다.

3상까지 무사히 통과한 약일 경우 보건당국의 시판 허가를 받아 환자들과 만날 수 있게 된다. 하지만 임상 표본이 극히 제한적인 데다 허가를 받기 전까지 임상 대상은 노인이나 소아·임산부 등을 제외한 건강한 성인으로 제한된다. 또 제약산업 선진국들인 미국, 유럽의 신약은 그 나라 사람들을 대상으로 임상을 진행했기에 우리나라 사람들에는 맞지 않을 수 있다.

판매 중이라고 해서 임상이 끝난 것은 아니다. 시판 후 임상이라는 이름의 임상 4상이 진행된다. 이 임상은 해당 약품이 시장에서 유통되는 한 계속된다. 특정 조건의 사람들을 대상으로 하는 임상이 아닌 통제되지 않은 불특정 다수를 대상으로 하는 임상이다. 이 과정에서 부작용 등 안전성에 대한 보다 정확한 정보를 획득해 설명서에 새롭게 반영하기도 하고 적응증을 추가하기도 한다. 어떤 특정한 약에 대한 유효성과 안전성은 결국 많이 팔리면 팔릴수록 높아진다고 할 수 있다. 하지만 아무리 많은 사람들이 사용해 유효성과 안전성이 확보됐다고 하더라도 내가 직접 먹어보지 않고서는 그 약이 내게 잘 듣는지 혹은 그 약을 먹고 부작용이 생기지 않는지는 확인할 수 없다.

정밀 의약품은 무엇인가?

이런 고민에서 출발한 것이 맞춤형 정밀 의약품이다. 개개인의 유전정보를 이용해 최적의 의약품을 최적의 용량으로 맞춰주는 약이다. 피를 묽게 해 혈전핏덩어리을 예방하는 '항응고제'의 하나인 '와파린Warfarin'을 예로 들어보자. 이 약은 사람에 따라 반응 정도가 제각각이어서 경우에 따라선 혈액 응고를 막아주는 대신 체내 곳곳에서 출혈을 일으킬 수도 있고 그 반대일 수도 있다. 때문에 와파린을 복용하는 사람은 필수적으로 매일 또는 매주 혈액검사를 해야 한다.

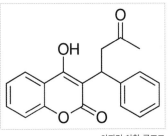

와파린 화학 구조도

피를 떨어뜨려 굳는 속도를 측정해 적당한 용량을 찾아가는 방식이다. 만약 이 과정이 없다면 혈전이 생기거나 혹은 출혈이 생길 수 있다. 근래에는 유전자 검사를 통해 와파린의 용량을 조절하는 방식으로 진화하고 있다. 와파린 대사에 관여하는 특정 유전자CYP2C9, VKORC1에 돌연변이가 발생하면, 지혈이 되지 않는 부작용을 불러오기 때문에 유전자 검사를 통해 해당 유전자 변이의 유무나 정도를 미리 확인하면 와파린을 제대로 사용할 수 있다.

유방암 표적 치료제인 허셉틴은 'HER2 유전자'가 지나치게 많이 발현된 환자들에게 투여하는 항암제다. 허셉틴은 HER2 양성 유방 암세포만 선택해 죽이는 표적 항암제다. 현재 유방암 환자들의 25% 가량은 'HER2 양성 유방암' 환자들이다. 허셉틴을 투여하기 전에 유전자 검사를 통해 HER2 과발현 여부를 확인해야 한다.

최근에는 4차 산업혁명 기술이 빠르게 발전하면서 정밀의학에도 새로운 변화의 바람이 불고 있다. 세계 최초의 의료용 인공지능AI인 IBM의 '왓슨'은 암 환자의 정보를 미리 입력하면 최적의 치료법을 제시한다. 최신 의학 가이드라인, 환자의 검사·진료 기록 및 유전자 정보 등 방대한 빅데이터를 종합해 추천 치료법, 고려해 볼 치료법, 비추천 치료법 등을 제공하는 식이다.

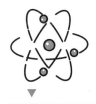

7. 평균수명 18세에서 120세까지…
2100년 인류의 주요 사인은?

최장수 바다동물, 그린란드 상어

2016년 전 세계 생물학계가 깜짝 놀랄 만한 사실이 밝혀졌다. 무려 500년 넘게 살아 있는 동물이 발견된 것이다. 그해 8월 덴마크 코펜하겐 대학교 연구팀은 어선 그물에 우연히 잡힌 그린란드 상어Greenland shark 28마리를 방사성 탄소 연대 측정법으로 분석한 결과 나이가 274~512살에 이르렀다는 결과를 유명 과학 저널《사이언스》에 발표했다. 연구팀은 그린란드 상어 각막의 단백질이 재생되지 않고 남아 있다는 점에 착안해 방사성 탄소 연대 측정법으로 새끼 때의 각막 단백질의 연도를 측정하는 방법을 사용해 나이를 추정했다.

그린란드 상어

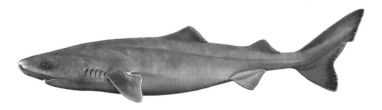

당시까지는 211살로 추정되는 북극고래가 최장수 척추동물로 알려졌기 때문에 500살이 넘는 그린란드 상어의 등장에 학계는 놀라움을 감추지 못했다. 그린란드 상어는 몸길이가 1년에 1cm 정도 밖에 자라지 않을 정도로 성장 속도가 매우 느려 성체로 자라기까지 약 150~200년이 걸린다고 알려져 있다. 150살이 돼야 비로소 짝짓기가 가능할 정도다.

그린란드 상어는 그린란드, 캐나다, 노르웨이, 아이슬란드 연안을 비롯한 북대서양과 북극해에 서식하며 몸길이는 최대 7m까지 자란다. 행동도 매우 굼떠 커다란 몸으로 차가운 바다 밑을 천천히 헤엄치는데 꼬리지느러미가 좌우로 움직이는 데만 무려 7초가 걸린다고 한다.

과학자들은 그린란드 상어가 아주 차가운 바다에 살다 보니 신진대사가 느려 더디게 자라고 그만큼 수명이 길어진 것이라고 추정하고 있다. 코펜하겐 대학교 연구팀이 이 같은 연구 결과를 발표하고 1년 후인 2017년에는 노르웨이 근해에서 1502년 태어난 것으로 밝혀진 그린란드 상어가 새롭게 발견되기도 했다. 1502년은 우리나라로 치면 조선 연산군 시대니 정말 장수했다는 생각이 절로 든다.

그린란드 상어와 관련해 또 하나 흥미로운 사실은 그들이 실명된 상태로 살아간다는 사실이다. 그린란드 상어의 눈에 기생하는 갑각류인 요각류는 그린란드 상어의 눈 조직을 파먹으며 사는데, 이 때문에 그린란드 상어의 90%는 시력이 상실된 채 산다. 그런데 아이러니는 그린란드 상어가 이 실명된 눈 덕분에 먹이를 오히려 잘 찾아 먹으며 오랫동안 살아간다는 점이다. 이 기생 요각류는 스스로 빛을 내는데 이 때문에 깊은 바다 속에서 헤엄치던 해양 생물들이 어둠 속에 빛나는 불빛을 보고 접근했다가 그린란드 상어의 먹잇감이 되기 때문이다. 요각류와 그린란드 상어는 일종의 공생관계인 셈이다.

인간의 평균 수명을 늘릴 수 있을까?

기원전 4세기 그리스인의 평균 수명은 18살이었다. 조선시대 우리나라 사람들의 평균 수명은 40살이었고 19세기 중엽 유럽 선진국 국민들의 평균 수명은 45살이다. 현재 대부분 선진국 국민들의 평균 수명은 80살을 넘어섰다. 평균수명이 오는 2100년엔 120살이 될 것이라는 예측이 나오고 있다.

인간을 포함한 동물들의 수명은 심박수와 반비례하는 경향을 보인다. 분당 맥의 수가 600회 정도로 많은 생쥐의 평균수명은 5년 정도로 짧다. 반면 분당 심장박동수가 약 6회인 갈라파고스 바다거북의 평균수명은 무려 170년을 넘는다. 분당 150~170회 뛰는 개와 고양이는 약 10~20년 정도를 산다. 다만 사람의 경우 언제부턴가 다른 동물들과 달리 이 반비례 법칙의 틀에서 벗어나기 시작했다.

분당 심박수가 60~100회인 사람은 심박수가 더 적은 말, 사자, 코끼

갈라파고스의 바다거북

리, 고래 등 다른 동물들보다 오히려 오래 산다. 비결은 하나다. 약을 포함한 의료기술의 눈부신 발전이다. 인간 평균수명이 120살이 되는 오는 2100년의 주요 사망 원인은 다름 아닌 노화다. 즉 이는 바꿔 말해서 인간이 병으로 죽을 일이 없을 것이라는 얘기도 된다.

할리우드 유명 배우 겸 감독인 안젤리나 졸리는 2013년 세상을 깜짝 놀라게 했다. 암에도 걸리지 않은 졸리가 예방 차원에서 유방 절제술을 받았다는 소식이 전해졌기 때문이다. 졸리는 유전자 검사를 통해 70살까지 생존할 경우 유방암에 걸릴 확률이 87%, 난소암에 걸릴 확률이 50%에 달한다는 결과지를 받아 들고 유방은 물론 이후 난소까지 절제하기에 이른다. 졸리는 유전성 유방암의 원인이 되는 BRCA1 유전자의 변이를 보유하고 있었다. 이처럼 현대의학은 걸리지도 않은 미래의 질병까지도 미리 예측해 예방하게 하는 시대를 열었다.

120살 인류의 가장 큰 장애물인 암 극복을 향한 의료기술도 빠르게 진화하고 있다. 일례로 CAR-T세포 치료제Chimeric Antigen Receptor-T cell Therapy라는 맞춤형 차세대 면역 항암제의 경우 기존 항암제의 단점을 줄인 시도로 주목받고 있다. 키메릭 항원 수용체 T세포를 조작해 암을 공격하도록 만든 혈액암 치료제인 CAR-T세포 치료제는 환자의 혈액에서 T세포를 추출한 뒤, 여기에 바이러스 등을 이용해 암 세포에 반응하는 수용체 DNA를 주입하고 증식시켜 몸속에 다시 넣어주는 방식을 이용한다. 조작된 T세포는 암세포만 찾아 유도탄처럼 공격한다. CAR-T세포 치료제는 정상 세포 손상은 줄이면서 효과적으로 암 세포를 사멸시킬 수 있어 기대를 모으고 있다. 다만 아직까지는 수억 원에 달하는 가격이 한계다.

8. 간질은 멈췄는데 기억이 사라졌다? 🔍

기억 살리기와 기억 죽이기 ✎

헨리는 하와이의 한 수족관에서 낮에는 동물들을 돌보는 일을 하고 밤에는 여행객들과 하루하루 즐기며 산다. 그러던 어느 날 루시라는 여자를 우연히 만나게 되고 첫눈에 반한다. 짜릿하고 달콤한 하룻밤을 보낸 다음날 루시는 그를 파렴치한 취급하

영화 〈첫 키스만 50번째〉 포스터

며 전혀 기억하지 못한다. 헨리는 그녀가 단기 기억상실증에 걸렸으며 매일 아침이면 모든 기억이 10월 13일 일요일 교통사고 당시로 돌아간다는 사실을 알게 된다. 매일 새롭게 그녀를 유혹하기 위해 헨리는 매번 눈물겨운 노력을 기울이며 하루하루 달콤한 첫 데이트를 만들어간다.

2004년 개봉한 아담 샌들러와 드류 베리모어 주연의 할리우드 로맨틱 코

미디 영화 〈첫 키스만 50번째50 First Dates〉의 줄거리다. '오블리비아테 Obliviate'. 영화 〈해리 포터와 죽음의 성물 1부〉에서 헤르미온느가 자신의 부모를 위험에서 보호할 목적으로 자신에 대한 기억을 다 없애는 데 사용하는 주문이다.

기억을 수정해서 다른 기억을 심거나 삭제하는 이 마법의 주문은 나쁜 기억을 모두 지우고 좋은 기억으로 바꿔주겠다는 희망적인 메시지로 쓰이기도 한다. 영화처럼 필요에 따라 기억을 편집하며 살아갈 수 있다면 좋겠지만, 우리는 좋든 싫든 다양한 감정이 덧입혀진 수많은 기억들에 파묻혀 살아간다.

기억과 감정을 관장하는 편도체

그렇다면 인간의 뇌에서 기억 그리고 감정을 관장하는 영역은 어느 부위일까. 먼저 대뇌 변연계에 존재하는 아몬드 모양의 편도체amygdala라는 부위가 있다. 이 편도체는 공포와 불안 감정을 처리하는 기관이다. 과학자들은 이 편도체의 정확한 역할을 확인하기 위해 일반 생쥐와 편도체를 제거한 생쥐로 비교 실험을 했다. 그 결과 정상 생쥐는 고양이 배설물과 털이 담긴 실험용 샬레를 피하는 반면, 편도체를 제거한 생쥐는 샬레는 물론 뱀을 봐도 도망치지 않고 자유롭게 돌아다녔다. 결국 이 생쥐는 뱀에 잡아 먹히고 말았다. 편도체가 없어져 공포감까지 사라진 결과다. 사람도 편도체가 손상될 경우 지능은 정상이지만 두려움을 느끼지 못하게 된다.

편도체와 연결된 해마hippocampus는 기억 그 중에서도 서술적 기억을 담당하는 기관이다. 서술적 기억이란 어떤 에피소드나 상황에 대한 기억을 말하며 절차적 기억은 악기를 다루고 자전거를 타는 방법 등 한 번 몸

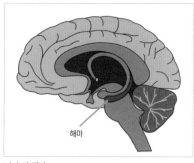
뇌 속의 해마

에 익히면 자연스럽게 쓰게 되는 기억을 가리킨다. 또 해마는 단기기억을 장기기억으로 전환시키는 역할도 한다. 어떤 새로운 사건에 대한 기억은 해마에 임시로 저장됐다 대뇌 피질로 이동해 장기기억으로 바뀐다. 해마는 컴퓨터 메모리 같은 역할을 하는 기억의 관문Gateway인 셈이다.

해마의 역할을 얘기할 때 줄곧 등장하는 사람이 있다. 아내가 살해

영화 〈메멘토〉 포스터

당한 충격으로 10분 이상 기억하지 못하는 단기기억상실 환자가 된 한 남자의 복수극을 다룬 영화 〈메멘토Memento〉의 모티프가 된 것으로 알려진 헨리 구스타프 몰래슨Henry Gustav Molaison · 1926~2008이다. 생전엔 'H. M.'이란 이니셜로만 알려진 그는 뇌과학계에서 중요한 연구 대상이었고 인간의 뇌와 기억 연구 분야에 크게 기여했다.

1930년대 초 미국 코네티컷에 살던 헨리 구스타프 몰

래슨이란 이름의 7살 소년은 자전거 사고로 뇌를 다쳤다. 이후 뇌전증간질 발작을 일으키기 시작했다. 처음엔 가벼운 발작이었지만 나이가 들어가면서 발작은 점점 더 심해졌다. 1953년 그가 27살이 됐을 때 발작은 일주일에 12번 이상 일어났다. 헨리는 극심한 고통에 시달리며 직장을 다니는 등의 정상적인 삶이 불가능해졌다. 약물도 효과가 없었기에 당시로선 급진적이고 실험적인 외과수술을 받기로 모험을 한다.

헨리 구스타프 몰레슨

수술 후 발작 증세는 사라졌지만 불행히도 그는 장기기억을 형성하는 능력을 잃어버렸다. 당시 수술을 집도한 의사들은 헨리의 발작이 해마에서 시작된 것으로 판단해 그의 두개골을 열어 뇌의 해마를 제거했다. 믿기 어려울 정도로 수술은 대성공이었다. 헨리는 해마 제거 수술 이후 1년에 고작 한두 번의 발작만을 겪으면서 그 후 55년을 더 살았다. 다만 문제는 다른 곳에 있었다. 헨리는 수술 받기 이전의 일들은 기억했지만 그 이후에 경험한 일들은 어제의 일도 기억하지 못하는 단기기억상실증에 걸린 것이다. 〈첫 키스만 50번째〉의 루시처럼 말이다. 헨리는 수술 이전의 인생 중에선 많은 부분을 기억해낼 수 있었다. 하지만 수술 이후 새로운 정보는 몇 분 이상 기억하지 못했다. 그는 같은 잡지를 몇 번이고 계속해서 다시 읽었고 자신의 아버지가 돌아가셨다는 사실을 기억하지 못했다. 같은 의사들에게 수백 번씩 자기 소개를 새롭게 하곤 했다.

해마의 공간 지각 능력

해마는 뇌에서 기억 외에도 공간 지각 능력에도 관여한다. 이와 관련해 흥미로운 연구 결과가 있다. 영국의 한 대학에서 혹독한 훈련을 거쳐 복잡한 런던 골목골목을 오차 없이 잘 찾아다니는 택시운전사들의 뇌를 촬영했더니 해마가 일반인보다 훨씬 컸다. 여기에 더해 운전 경력이 오래될수록 해마의 크기가 더 컸다고 한다. 해마는 쓰면 쓸수록 커지고 반대로 안 쓰면 안 쓸수록 작아진다. 이는 역으로 말하면 내비게이션에만 의존할 경우 해마 크기는 더 줄어들 수도 있다는 얘기다.

공포와 같은 감정은 기억과도 큰 연관성을 가진다. 공포와 두려움의 감정은 편도체의 활성화로 극대화되고 편도체에 붙어 있는 해마는 향후 이 감정이 유발될 기억을 저장하기에 트라우마를 일으킬 수 있는 공포증인 외상 후 스트레스 장애PTSD를 야기하기도 한다.

9. 암보다 무서운 공포 '치매'…
노인 10명 중 1명 치매 환자

알츠하이머로 고생한 미국 여성 법관들

2020년 9월 미국에서 여성 인권 향상을 위해 평생을 싸워 온 '진보의 아이콘' 루스 베이더 긴즈버그Ruth Bader Ginsburg 미국 연방 대법원 대법관1993~2020년 재임이 췌장암으로 향년 87살에 타계했다. 대법원에서 총 10개의 애도 성명이 나왔다. 대법원 홈페이지에는 존 로버츠 대법원장을 비롯해 동료 대법관들 한 명 한 명 명의로 된 총 8건의 애도 성명이 올라왔다. 이와 함께 전직 대법관 2

루스 베이더 긴즈버그

명의 애도사도 대법원 홈페이지에 게재됐다. 판사가 종신직인 미국에서 연방대법관은 은퇴한 후에도 '대법관'으로 불리며 현직과 사실상 거의 비슷한 예우를 받기 때문이다. 다만 생존 중인 전직 대법관 3명 가운데 1명은 애도 성명을 내지 못했다.

미국 사법 역사상 최초의 여성 대법관이었던 샌드라 데이 오코너Sandra

샌드라 데이 오코너

Day O'Connor 전 대법관1981~2006년 재임이 그 주인공이다. 외신에 따르면 긴즈버그보다 3살 위로 90살인 오코너 전 대법관은 자신의 뒤를 이은 미국 역사상 두 번째 여성 대법관이자 13년 간 각별한 우정을 나눴던 긴즈버그 대법관의 타계 소식을 제대로 파악하지 못한 것으로 알려졌다. 오코너 전 대법관이 88살이 되던 2018년 10월부터 알츠하이머 치매를 앓고 있기 때문이다. 오코너 전 대법관은 2018년 10월 초기 치매 진단을 받고 대법원 앞으로 보낸 편지 형식의 성명에서 "나는 여전히 친지들과 더불어 살겠지만, 치매가 있는 삶의 마지막 단계가 나를 시험에 들게 할지 모른다"며 "하지만 축복받은 내 삶에 대한 감사와 태도는 바뀌지 않을 것이다."고 전했다.

여성 대법관이 오코너 딱 한 명뿐이던 시절 대법원 건물에 드물었던 여자 화장실이 긴즈버그가 여성 2호 대법관이 되고 서로 힘을 합쳐 목소리를 내자 비로소 늘어나기 시작했다는 건 유명한 일화다. 하지만 정작 그 후배가 이 세상을 떠났을 때 선배는 치매 때문에 애도를 표할 수조차 없는 상황이 됐다는 점에서 미국인들의 안타까움이 컸다고 한다.

더욱이 오코너 전 대법관이 76살로 비교적 건강했던 2006년 조기에 대법관을 관두기로 결심한 것도 알츠하이머에 걸린 남편을 간병하기 위해서였다는 점에서 안타까움은 더했다. 중증 알츠하이머를 앓던 남편을 먼저 떠나보낸 뒤 '알츠하이머 치유를 위한 전도사'를 자처하고 미국 전역을 돌아다니며 강연과 봉사활동 등을 왕성하게 했던 오코너 전 대법관 자신도 결국 노년에 알츠하이머에 걸리는 비운을 겪게 된 것이다.

무서운 고령자 치매

'대한민국 치매현황 2019' 통계에 따르면 2018년 기준 국내 65살 이상 노인 약 739만 명 중 약 75만 명이 치매환자로 추정된다. 치매 유병률은 10.16%로 65살 이상 노인 10명 중 1명은 치매 환자다. 치매 환자 수는 계속 증가해 오는 2024년에는 100만 명, 2039년엔 200만 명, 2050년엔 300만 명을 넘어설 것으로 예상되고 있다. 또한 연간 국가치매관리 비용은 약 15조 3,000억 원으로 국내총생산GDP의 약 0.8%를 차지하는 것으로 추정된다.

고령자들에게 치매는 암보다 더 무서운 공포의 대상이다. 주위 가족들까지 힘들게 하는 병이기 때문이다. 100살 시대를 맞아 치매 환자는 빠르게 늘어날 수밖에 없다. 이에 정부는 '치매국가책임제'를 내세워 치매 환자 관리에 적극 나서고 있지만 노인들에게 치매는 여전히 두려움 그 자체다.

1901년 독일 프랑크푸르트암마인의 한 정신병원. 아우구스테 데토Auguste Detor라는 이름의 52살 여성 환자가 찾아왔다. 당시 36살의 의사 알로이스 알츠하이머Alois Alzheimer가 아우구스테를 처음 접하고 적은 의무 차트의 첫 문장은 "침대에 앉아 있음, 제정신이 아닌 표정"이었다. 이후 1910년부터 학계에서는 노인성 치매를 '알츠하이머병'이라는 이름으로 부르기 시작했다.

아우구스테 데토

치매는 크게 뇌혈관 질환이 원인이 돼 발생하는 혈관성 치매와 대표적 퇴행성 질환인 알츠하이머성 치매이하 알츠하이머로 나뉜다. 혈관성 치매는 뇌혈관 질환에 대한 위험인자가 비교적 잘 알려져 있기 때문에 이들 위험인자를 통제함으로써 일차적으로 뇌혈관 질환을 줄일 수 있고 혈관성 치매의 발생도 어느 정도 예방할 수 있다. 하지만 알츠하이머는 처음 발견된 지 무려 120년이 지났지만 아직까지도 발병 원인이 명확히 밝혀지지 않았다.

멀기만 한 알츠하이머 치료법

알츠하이머 병인은 크게 노인반과 신경섬유농축제로 볼 수 있다. 이는 각각 아밀로이드 베타 축적과 타우 단백질의 이상으로 발생하며 뉴런신경세포 사멸을 유도하고 뇌 신호전달을 방해한다. 정상인과 치매환자의 뇌를 살펴보면, 치매환자의 뇌는 정상인의 뇌에 비해 전반적으로 뇌가 위축돼 있고 뉴런이 현저히 감소한 것을 확인할 수 있다.

알츠하이머 증상을 완화하는 약은 전 세계에 도네페질Donepezil 등 4개밖에 없다. 감기약이 수백 수천 가지에 달한다는 것을 생각하면 인류가 아직까지 이 병 앞에서 얼마나 초라한 존재인지 잘 알 수 있다. 지난 1993년 미국 식품의약국FDA의 승인을 받으며 세계 최초의 치매 치료제로 주목 받았던 타크린Tacrine은 이후 간독성 부작용이 확인되면서 2013년 사용이 금지됐다. 최초의 알츠하이머 증상 완화제가 알츠하이머 발견 이후 무려 92년만에 나왔지만 이마저도 20년만에 사용이 중단됐던 것이다. 현존하는 알츠하이머 약들은 대부분 신경 전달 물질 아세틸콜린을 분해하는 효소인 아세틸콜린에스테라아제의 작용을 저해하는 물질을 사용한다. 아세틸콜린의 분해를 막아 감퇴된 인지기능을 개선시켜 주는 효과를 갖고 있다.

자주 치매와 혼동하는 파킨슨병은 신경계의 만성진행성 퇴행질환으로 신경세포 파괴로 도파민의 분비가 감소돼 생기는 병이다. 손발 떨림, 경직 등 운동장애가 주 증상이다. "나비처럼 날아서 벌처럼 쏜다."는 말로 유명한 '20세기 가장 위대한 복서' 무하마드 알리도 이 병을 30년 이상 앓다 2016년 생을 마감했다. 파킨슨병에 걸려 거동이 자유롭지 않은 상태에서도 1996년 미국 애틀랜타 올림픽에서 성

복서 무하마드 알리

화 봉송 주자로 나서며 많은 사람들에게 감동을 주기도 했다. 신경세포 내에 생기는 비정상적으로 응집된 신경섬유 단백질의 축적으로 인해 발생하는 루이소체 치매는 파킨슨병 증상을 동반한다.

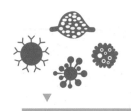

10. 암이 보내는 의문의 택배 '엑소좀'

백악기 초식 공룡 센트로사우루스

센트로사우루스Centrosaurus. 7,600만~7,700만 년 전 백악기에 살았던 대표적인 초식 공룡이

다. 코 위에 앞쪽을 향해 날카롭게 뻗어 있는 약 50cm 크기의 뿔이 나 있고 목 주위로 뼈로 된 주름 장식을 가진 몸 길이 약 6m의 공룡이었다. 무리를 지어 생활했으며 이빨 없는 부리로 낮게 깔린 식물을 뜯고 어금니로 갈아먹었다.

그런데 캐나다 온타리오의 맥마스터 대학

토론토 온타리오 로얄 박물관의 공룡뼈

교 연구진은 이 센트로사우루스의 정강이뼈 화석을 분석하던 중 놀라운 사실을 발견했다. 이 화석은 1989년 캐나다 앨버타에서 발견된 것으로 당시 과학자들은 뼈의 끝부분에 보이는 기형적인 형태가 부러졌다 다시 회복되는 과정에서 생긴 것으로만 판단했다. 하지만 맥마스터 대학교 연구진이 최신 장비 및 프로그램을 이용해 화석의 형태를 다시 점검한 결과 새로운 사실이 규명됐다. 뼈의 끝부분에서 보인 기형적인 형태는 암의 일종인 골육종osteosarcoma의 흔적이라는 사실이 최초로 확인된 것이다.

골육종은 뼈에서 발생해 유골조직類骨組織 및 골조직을 만드는 악성종양으로 전체 악성종양 중 0.2% 정도 비율로 나타나는 희귀 악성종양이다. 보통 긴 뼈의 말단 부위와 무릎 부위에 흔히 발생하며 주로 10~30대의 젊은 연령층에서 잘 나타난다. 연구진은 또 다른 센트로사우루스의 정강이뼈 화석과 비교했을 때 확연히 다른 형태였고, 골육종에 걸린 것으로 추정되는 센트로사우루스의 정강이뼈 형태가 골육종 진단을 받은 19살 환자의 정강이뼈와 유사하다는 사실도 확인했다.

가장 무서운 질병, 암

가장 무서운 게 무엇인가. 각자의 경험과 인식에 따라 수많은 답이 나올 것이다. 그렇다면 앞의 질문을 조금 더 구체적으로 '가장 무서운 질병은 무엇인가?'라고 바꿔 본다면. 이번엔 답이 상당히 간추려질 것이다. 그리고 아마 상당수의 사람들은 바로 '암'이라고 답할 것이다. 암은 오늘날 누구나 피하고 싶어 하는 인류 최대의 난적이지만 암으로 죽는 사람이 과거엔 지금처럼 많지 않았다.

1900년 당시 인류 사망 원인 1위는 독감, 2위는 결핵, 3위는 위장 내 감염증, 4위는 심장병, 5위는 뇌혈관 질환 순으로 암은 5위 내에도 들지 못했다. 역설적이게도 의학의 발달로 인간의 수명이 급격히 증가하면서 암이 부각되기 시작한 것이다. 이런 이유로 일각에서는 암을 '현대병'으로 칭하며 암이 근현대에 들어와 비로소 생겨난 병인 것처럼 오해하는 사람들도 있지만, 센트로사우루스 사례에서 보듯 암은 역사가 매우 오래됐다. 꼭 공룡이 아니더라도 170만 년 전 고인류 유골에서 골육종 흔적이 발견됐을 정도로 인류에게도 오래된 병이지만 과거에는 암에 걸리기 전 이미 각종 전염병, 사고, 전쟁 등으로 사람들이 일찍 죽었기 때문에 암이 부각되지 않았을 뿐이다. 정상적인 세포 분열 과정 중 돌연변이로 인해 탄생되는 암은 세포가 있는 곳이면 어디든 거의 다 생긴다. 인간의 몸에는 약 30조 개에 달하는 셀 수 없을 정도의 세포가 존재한다.

암은 우리나라 사망 원인 1위이자 대부분의 선진국에서도 전체 사망 원인의 25% 정도 비중을 차지하는 끔찍한 질병이지만 인류는 여전히 암을 정복하지 못했고 암에 정복당해 생명 연장의 꿈을 포기하기 일쑤다. 이처럼 인류가 암에 속수무책인 이유는 암 발견 시점이 지나치게 늦기 때문이다. 암 환자의 상당수는 이미 말기까지 진행되고서야 자신이 암환자임을 알게 된다.

하지만 암을 조기에 발견할 수 있다면 어떻게 될까. 생존률은 급격히 높아진다. 유방암을 예로 들어보면 말기인 4기에 유방암 진단을 받으면 생존률은 22%밖에 되지 않는다. 반면 1기에 발견하면 생존률은 거의 100%에 이른다. 거의 모든 암이 마찬가지다. 우리는 주로 정기 건강검진에서 자기공명영상MRI이나 컴퓨터단층촬영CT와 같은 영상진단기기를 찍어 암 발생 여부를 판단하지만 가격이 비쌀 뿐만 아니라 조기 검진은 사실상 힘들다. 그런데 놀랍게도 우리 신체 내부에 조기경보장치가 있다. 그것은 바로 엑소좀Exosome이라는 이름의 유전정보를 포함하는 생체 나노입자다. 이 엑소좀을 잘 이용하면 조기검진을 통해 암으로 인한 사망률을 현저히 낮출 수 있게 된다.

암 조기경보장치, 엑소좀

머리카락 굵기의 10만 분의 1 수준인 30~ 100나노미터㎚정도인 이 엑소좀은 모든 세포에서 분비되는 세상에서 가장 작은 택배다. 세포 내에서 세포가 갖고 있는 물질을 잘 포장한 상태로 분비된다. 암세포라고 예외는 아니다. 암세포 역시 끊임없이 자신만이 갖고 있는 암 전이 특이 단백질을 포장해 엑소좀 택배를 보내고 이것을 받은 세포들은 암세포처럼 변하게 된다. 암세포에서 나온 엑소좀이 암을 옮기는 악역을 맡는 것이다. 즉 채혈한 피에서 암 전이 단백질이 들어 있는 엑소좀 택배가 발견됐다면 우리 몸 속 어딘가에는 암세포가 숨어 자라고 있다는 의미가 된다. 즉 엑소좀을 잡아낼 수 있는 키트만 개발된다면 싼 값으로 조기에 암을 진단할 수 있게 되는 것이다.

과학자들은 비단 이 엑소좀을 이용한 진단은 암뿐만이 아니라 알츠하이머, 파킨슨병, 당뇨와 같이 세포가 병들어 생기는 질병은 모두 진단이 가능할 것으로 예상하고 있다. 또 엑소좀은 혈액은 물론 소변과 침에도 존재해 이를 잘 활용만 하면 암 등 여러 질병을 조기에 진단할 수 있다. 다국적 제약사들을 중심으로 엑소좀을 이용한 진단 기술이 상용화를 앞두고 있는 가운데 우리나라에서도 2017년 한양대학교 홍종욱 바이오나노학과 교수와 김성훈 서울대학교 의약바이오컨버전스연구단 단장이 엑소좀을 비파괴적 방법으로 분리하는 마이크로시스템을 세계 최초로 개발하면서 암으로부터의 인류 구원이라는 꿈을 점차 밝히고 있다.

CHAPTER 2

알아두면 쓸모 있는 물리·화학 상식

11. 규조토 발매트는 어떻게 매일 '꾹' 발도장을 찍을까?

폭탄을 만든 알프레드 노벨

알프레드는 상심했다. 그의 니트로글리세린nitroglycerin 공장에서 폭발 사고가 일어나 사랑하는 막냇동생 에밀을 잃었기 때문이다. 자책감과 허망함으로 실의에 빠져 허송세월하던 알프레드에게 행운의 여신이 찾아왔다. 바로 동생의 목숨까지 앗아갈 정도로 위험천만한 니트로글리세린의 안전성을 확보할 수 있는 방법을 찾은 것이다.

알프레드 노벨

스웨덴의 발명가이자 화학자 그리고 노벨상의 창설자인 알프레드 노벨Alfred Bernhard Nobel의 이야기다. 노벨의 아버지는 스웨덴에서 사업이 실패하자 러시아로 건너가 그곳에서 군수품 납품 공장을 운영했으나 또 다시 파산하자 스웨덴으로 돌아왔다. 노벨은 스웨덴으로 돌아온 직후 아버지 소유의 토지에 마련된 조그만 실험실에서 폭탄 제조 실험에 착수했다. 당시 광산에서 사용하던 액체 폭탄인 니트로글리세린은 폭발성은 뛰어났지만 휘발성이 강해 안전성에 치명적인 약점이 있었다. 조그만 충격에도 잘 폭발했기 때문에 폭발과 인명 사고가 잦았다. 그럼에도 노벨은 1862년 니트로글리세린 제조 공장을 짓고, 니트로글리세린의 약점인 이상 폭발을 제어하는 방법을 찾기 위한 연구에 돌입했다.

그 결과 1863년 노벨은 금속 용기에 니트로글리세린을 채운 후 목재 점화 플러그를 끼워 넣는 방식의 실용적인 뇌관을 만드는 데 성공했다. 이 뇌관의 발명으로 노벨은 폭탄 제조업자로서 부와 명성을 동시에 얻었다. 하지만 여전히 니트로글리세린의 운반과 취급은 해결되지 못한 채 숙제로 남았다. 그러다 1864년 자신의 니트로글리세린 공장에서 일어난 폭발사고로 동생 에밀을 포함해 여러 명이 죽었다. 슬픔의 나날을 보내던 어느 날. 여느 때처럼 그날도 니트로글리세린이 담긴 통을 기차에서 내리는 작업이 한창 진행 중이었다. 그때 노벨은 우연히 통에 난 구멍으로 니트로글리세린이 새어 나와 주위의 규조토에 스며드는 것을 목격했다. 자세히 보니 규조토는 이전의 숯가루나 톱밥 등의 실험 재료에 비해 니트로글리세린을 2배 이상 흡수하고 있었다.

노벨은 날 듯이 기뻤다. 니트로글리세린을 투과성이 높은 규산이 함유된 규조토에 스며들게 해 말리면 사용과 취급이 훨씬 용이하고 편리하다는 사실을 우연히 발견한 노벨은 이를 통해 신제품을 만들었다. 그러고 나선 노벨은 새 제품의 이름을 다이너마이트'힘'을 뜻하는 그리스어 디나미스에서 따온 말로 정했다. 다이너마이트는 영국1867과 미국1868에서 잇따라 특허를 받았다. 다이너마이트로 노벨은 세계적인 명성을 얻었다. 다이너마이트는 굴착 공사, 수로 발파, 철도 및 도로 건설에도 곧바로 사용됐다.

아침저녁으로 욕실 문 앞에서 우리에게 매번 발도장을 만들어 주는 규조토 발매트. 규조토는 미세한 해양 단세포 생물인 규조硅藻, diatom들의 유해가 해저 등에 쌓여 만들어진 점토 모양의 흙을 말한다. 규조의 세포벽은 규산염으로 구성돼 있으며 규조가 죽어도 세포벽은 분해되지 않는다. 그 세포벽이 해저에 켜켜이 쌓이고 화석으로 굳어져 규조토가 되는 것이다.

죽으면서 작은 공기 방울을 내뿜기 때문에 숯보다 초미세구멍이 약 5,000배 많다고 한다. 흡수력이 매우 좋은 이유다. 가장 흔히 접할 수 있는 발매트뿐만 아니라 수영장 필터에도 쓰이고, 내화재, 단열재, 흡수제, 살충제 등 여러 방면에서 쓰인다. 페인트에 첨가하면 페인트가 잘 마르도록 도와주고 페인트의 접착력을 높여 주는 등 다양한 분야에서 첨가제로도 쓰이기도 한다. 1836~1837년 독일의 농부 피터 카스텐이 우물을 팔 때 규조토를 발견한 것으로 알려져 있다. 처음 발견될 당시에는 석회암으로 착각해 비료로 사용했다고 한다.

흡수율이 높은 규조토의 장점

그렇다면 규조토는 물을 뿌리면 축축하게 젖기만 하는 다른 흙들과 달리 어떻게 구체적으로 금방 물을 흡수해 보송보송해질까? 그 이유는 바로 규조토 내부의 구멍에서 찾을 수 있다. 규조토는 스펀지처럼 여러 개의 작은 구멍이 뚫려 있어 물기를 이 구멍 안에 가둘 수 있기 때문에 금세 물기가 사라진다. 이처럼 작은 구멍들을 많이 갖고 있는 물질을 다공성물질이라고 부른다. 우리 몸을 구성하고 있는 세포막도, 우리가 고깃집에서 흔히 볼 수 있는 숯이나 '숨 쉬는 그릇' 옹기도, 포장재로 쓰이는 셀로판도 모두 다공성물질의 한 종류다. 이 다공성물질은 각종 오염물질을 제거하거나 정화하는 역할을 훌륭하게 해내고 있다. 촉매, 정수, 미세먼지 · 중금속 흡착, 단열재, 이산화탄소포집기술CCS 등은 모두 다공성물질을 활용한다.

오염물질을 정화하는 원리는 크게 두 가지로 흡착과 삼투 · 역삼투 등

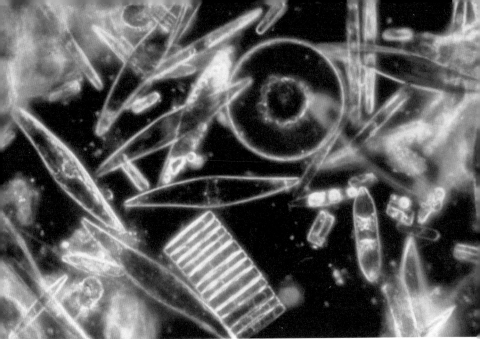

현미경으로 본 규조 형태

필터링의 방식이 있다. 흡착은 일반적으로 다공성물질을 이루는 분자결정와 오염물질 사이에 작용하는 '반데르발스 상호작용'을 이용한다. '반데르발스 상호작용'이란 전기적으로 중성인 분자 사이에서 극히 근거리에서만 작용하는 약한 인력반데르발스 힘에 의한 상호작용이다. 스펀지가 친수성을 갖고 있어 물과 스펀지 사이에 인력이 작용해 물을 흡수하는 것처럼 오염물질과 다공성물질 표면 사이에 인력이 작용해 오염물질을 흡착하는 것이다.

다공성물질 입자 제조 시 불소플루오린와 같은 극성이 강한 물질을 첨가함으로써 용도에 따라 흡착성을 더 좋게 만들 수도 있다. 다공성물질 표면과 오염물질 간에 작용하는 인력이 클수록 흡착 효율이 증가하기 때문이다. 이산화탄소 포집이나 공장 굴뚝의 흡착제 등에 이 같은 방식이 적용된다. 다공성물질의 기공 크기에 따라 통과할 수 있는 물질의 종류도 달라지기 때문에 필터로도 이용 가능하다. 물 분자의 경우 분자 크기가 180pm 1pm=1조 분의 1m로, 기공의 크기를 조절한 다공성물질을 이용해 정수가 가능하다. 기공의 크기보다 큰 오염물질은 다공성물질로 이뤄진 필터를 통과할 수 없다. 정삼투·역삼투를 통한 해수 담수화도 동일한 원리를 적용한다.

12. 야구공의 변화구에 담긴 과학 원리는?

투수 중심 야구의 등장

"쿠팩스의 커브볼curve ball을 때려내는 것은 포크로 커피를 떠먹는 것과 같은 일이다"

1960~1970년대 미국 메이저리그 피츠버그 파이어리츠의 전설적인 강타자로 군림한 윌리 스타젤Willie Stargell은 '황금 왼팔'로 불렸던 LA다저스의 전설 샌디 쿠팩스Sandy Koufax의 커브볼을 가리켜 이 같이 평가했다. 쿠팩스의 커브볼이 그만큼 치기 어려웠다는 것을 비유적으로 표현한 말인데, 쿠팩스는 메이저리그 역사를 통틀어 커브볼을 가장 잘 던지는 투수 중 한 명이었다. 이 둘은 모두 메이저리그 명예의 전당에 헌액됐다.

윌리 스타젤

샌디 쿠팩스

야구는 영국에서 19세기 전반기 배트와 공을 사용하는 놀이가 유행했고 이것이 미국에 전해져 동부 지방에서 많이 하다가, 19세기 중엽 무

럽 전국 각지로 퍼져 나간 것으로 알려졌다. 그러다 1876년 내셔널리그
가 시작되며 메이저리그가 출발했다. 프로 리그가 출범하기 전 초창기
야구는 타자 중심 경기였다. 투수의 역할은 타자가 공을 잘 칠 수 있도록
공을 최대한 잘 던져주는 것이었다.

총알 같은 강속구와 현란한 변화구로 어떻게 하면 타자들의 헛스윙
과 파울을 유도할까 일구一球 일구 수싸움을 벌이는 지금의 투수들을 생
각하면 상상하기 어려울 정도다. 투수 중심의 현대 야구가 시작되면서
부터 자연스레 투수들은 어떻게 하면 타자의 배트를 잘 피할 수 있는 공
을 던질 수 있을까를 연구하게 됐다. '투수를 위한 신의 선물'이라고 불
리기도 하는 변화구가 시작된 이유다.

변화구의 탄생

'브레이킹 볼Breaking Ball'로 불리는 변화구를 처음 개발하고 던진 투수는
미국의 캔디 커밍스Candy Cummings로 알려져 있다. 커밍스는 14살 때 해
안에서 그가 던진 조개껍질이 바람에 흔들리며 날아가는 모습을 보고 커
브볼에 대한 아이디어를 얻었다고 한다. 그 후 몇 년 간의 노력 끝에 커
밍스는 1867년 실전에서 공식적인 커브볼을 처음 던졌다. 이것이 역사
상 최초의 브레이킹 볼이다. 1872년 내셔널 어소시에이션 소속의 뉴욕
뮤츄얼스에서 데뷔한 후 내셔널리그 소속의 신시내티 레드스타킹스 등
에서 활약한 커밍스는 1939년 명예의 전당에 입성한다. 이처럼 커브볼은
역사가 오래됐기 때문에 영어 'curve ball'은 '야구의 커브 볼'이라는 뜻 외
에도 '상대를 속이기 위한 예상치 못한 책략'이라는 뜻의 관용어로도 쓰인다.

야구는 투수 놀음이라는 말이 있다. 그만큼 투수가 현대 야구에서 차
지하는 비중이 크다는 말이다. 수만 명의 관중들은 공 하나하나에 환호

하고 탄식한다. 던지고 받고 치고 달리는 게 전부인 야구는 일면 단순해 보인다. 하지만 야구는 고도의 전략을 필요로 하는 경기이기도 하다. 투수는 9명의 타자 한 명 한 명과 매 순간 치밀한 수싸움을 벌인다. 어떤 코스로 어떤 구종의 공을 던질 것인가에 따라 해당 타자와의 승부가 결정되기 일쑤기 때문이다.

캔디 커밍스(1872)

그중에서도 우리가 흔히 변화구로 부르는 다양한 구종의 공은 타자들의 나날이 발전하는 타격 기술을 현혹하기 위해 매우 유용한 수단으로 쓰인다. 야구공은 표면에 빨간 108개의 실밥이 있다. 이 실밥은 투수들이 변화구를 던지는 데 꼭 필요한 장치로 과학적 원리의 산물이다. 먼저 투수가 던지는 공은 크게 속구흔히 우리가 직구라고 부르는 공와 변화구가 있다. 속구Fast ball는 실제로는 곧게 일직선으로 날아가지 않고 아래로 살짝 떨어진다. 중력의 영향을 받기 때문이다.

하지만 변화구에 작용하는 힘은 중력 외에 또 있다. 변화구는 기본적으로 물리학의 법칙인 '베르누이의 정리'를 따른다. 커브, 슬라이더, 포크볼, 싱커 등 홈플레이트 근처에서 현란하게 상하좌우로 휘는 변화구는 어떻게 이 베르누이의 정리로 설명할 수 있을까. 베르누이의 정리란 간단히 말하면 유체공기나 물처럼 흐를 수 있는 기체나 액체의 속력이 증가하면 압력은 감소한다는 것이다.

커브를 예로 들어 설명해 보자. 커브는 투수가 타자 앞에서 위에서 아래로 뚝 떨어지는 큰 낙차를 만들어 헛스윙을 유도하기 위해 주로 던지는 공이다. 홈플레이트 앞에서 폭포수처럼 떨어지는 커브는 마운드에서 홈플레이트까지의 거리인 18.44m를 가는 동안 아래로 떨어질 목적을 갖고 있기 때문에 공의 위와 아래의 회전 방향이 다르다. 공의 윗부분은 공기가 지나는 방향과 공의 회전 방향이 반대가 되기 때문에 그 속력이 느려지는 반면 공의 아랫부분은 공기가 지나는 방향과 공의 회전 방향이 같으므로 위쪽에 비해 공기가 지나가는 속력이 빨라진다.

따라서 어떤 경계면을 기준으로 그 아랫 부분의 압력은 감소한다. 힘은 압력이 높은 곳에서 낮은 곳으로 작용하며 이때 작용하는 힘을 마그누스의 힘이라고 한다. 다시 말하면 유체는 압력이 높은 곳에서 낮은 곳으로 흐르는 속성이 있으므로 공은 아래로 떨어지게 되는 것이다.

그렇다면 야구공의 실밥은 어떤 역할을 할까. 투수들은 이 실밥을 그립을 이용해 쥐어 손톱 등으로 찍거나 긁는 등의 행위를 통해 회전력을 공에 실어 보냄으로써 변화구를 만들어 낸다. 투수가 야구공의 실밥을 몇 개를 잡느냐 혹은 어느 부분의 실밥을 잡느냐에 따라 공의 방향과 회전력이 달라진다. 실밥은 공기와의 마찰력을 높이고 이는 결국 공의 실밥과 그 외의 부분 사이에 압력의 차이를 만들어 공의 회전 효과를 극대화한다. 베르누이의 정리는 비단 야구공뿐만이 아니라 모든 구기 종목 스포츠의 공에 적용된다.

13. 왜 나만 정전기가 더 많이 발생할까? 🔍

정전기의 발견 🖱️

고대 그리스 귀족들
은 장식품으로 호박琥
珀·고대의 송진 등이 화
석처럼 굳은 광물을 몸에
지니고 다녔다. 또 그
들은 호박이 옷의 실
밥과 같은 가벼운 물
체를 끌어당기는 힘

고대 그리스 철학자 탈레스

이 있는 것을 알고 있었다. 기원전 6세기 고대 그리스 철학자 탈레스는
삼베 조각을 호박에 문질러 열을 내면 종이·실·새 깃털 등 가벼운 물건
을 끌어당긴다는 마찰전기정전기의 원리를 발견했다.

A씨는 겨울이 부담스럽다. 추위 때문이 아니다. 바로 정전기 때문이
다. 방심할 틈이 없다. 언제 어디서 뜨거운 전기맛을 보게 될 지 알 수 없
다는 사실에 불안감은 커진다. 특히 지난해 겨울 따뜻한 티백tea bag 차를

마시기 위해 종이컵으로 정수기의 온수 레버를 길게 누르는 순간 발생한 정전기에 깜짝 놀라 화상을 입을 뻔한 일을 겪고 나서는 정수기는 거의 공포 수준까지 이르렀다.

이 뿐만이 아니다. 건물이나 사무실 출입 시, 자가용의 문을 여닫을 때, 정수기의 물을 컵에 따라 마실 때, 옷을 갈아입을 때, 휴대폰 등의 소지품을 사용할 수 없는 정전식electrostatic 버튼의 엘리베이터를 탈 때, 심지어 다른 사람과 악수를 할 때도 정전기가 늘 따라다닌다. 급하게 집에서 나오느라 정전기 방지 스프레이라도 뿌리지 못한 날이면 매사에 더욱 신경이 쓰인다.

정전기의 위력

그깟 순식간의 '찌릿'하는 따끔거림에 뭐 그리 불안할까 싶지만 정전기는 막상 그리 간단하게 무시할 만한 것은 아니다. 실제 산업 현장에선 정전기로 인한 폭발 사고로 사망 등 대형 인명 사고가 났다는 뉴스를 심심찮게 접할 수 있을 정도다. 특정 재질에 대한 접촉 자체를 꺼리게 되는 일종의 정전기 트라우마가 엄살이 아닐 수도 있다는 얘기다. 가정용 전기 콘센트 전압이 220볼트인데 비해 생활 속 정전기 전압은 일반적으로 2만 5,000볼트를 훌쩍 넘는다. 전기의 양이 매우 적어 인체에 큰 영향을 미치지 않는다는 점이 천만다행일 정도다.

정전기의 위력을 실감하고 싶다면 간단한 실험을 해 볼 수도 있다. 바람을 넣은 풍선을 스웨터에 계속 문지르면서 정전기를 충분히 축적한 다음 이 풍선을 형광등에 갖다 대면 잠깐이지만 형광등의 불이 켜지는 놀라운 경험을 할 수 있다.

먼저 정電전기는 전하가 흐르지 않고 머물러 있는 상태의 전기를 가리키는 말로 우리가 콘센트에 꽂아 쓰는 흐르는 전기인 동勳전기와 대비되는 말이다. 모든 물체는 원자로 이뤄져 있고 이 원자는 원자핵+과 전자-로 구성된다. 일반적인 상태의 보통 물체는 원자핵과 전자가 갖는 전기의 양이 같다. 하지만 불체가 서로 마찰할 때 전자가 다른 물체로 쉽게 이동하는데, 이때 전자를 잃은 쪽은 + 전하를 전자를 얻은 쪽은 - 전하를 띠게 된다. 그 결과 두 물체 사이에 전기 에너지의 차이가 생기면서 + 전하와 - 전하가 서로 끌어당기는 정전기 현상이 발생한다. 우리 몸은 물체와 마찰할 때마다 전하가 저장되고 어느 정도 이상의 전하가 쌓였을 때 적절한 전위차에 따라 그동안 쌓였던 전하가 불꽃을 튀며 이동하는 것이 바로 정전기다.

정전기가 겨울에 유독 자주 발생하는 이유는 뭘까. 정전기가 건조할 때 잘 생기기 때문이다. 정전기는 공기 중의 수증기와 밀접한 관련이 있다. 수소와 산소로 이뤄진 수증기는 주변의 전기 에너지를 갖는 입자를 중성의 상태로 만든다. 이 때문에 공기 중 수증기의 양이 적어 습도가 낮은 겨울철에는 정전기가 발생할 확률이 높아진다. 사람도 마찬가지다. 이른바 '정전기 체질'이라고 생각될 만큼 정전기가 자주 일어나는 사람은 몸이 건조한 사람이다. 따라서 핸드크림을 자주 바르거나 물을 많이 섭취하는 방법 등이 정전기 예방에 도움을 줄 수 있다.

정전기를 방지하는 법

흔히 정전기 방지를 위해 옷에 뿌리는 정전기 방지 스프레이는 물체의 마찰로 인해 쌓이는 전하를 주변으로 쉽게 분산할 수 있게 도와준다. 뿌리면 섬유를 중성으로 유지시켜 준다. 물과 달리 바로 증발하지도 않는다. 다만 빨래를 헹굴 때 넣어 주는 섬유유연제도 정전기 방지 스프레이와 같은 원리이긴 하지만 직접 분사하는 것이 아니라 효과는 떨어진다.

공장 등 산업 현장에서 주로 정전기를 없애는 방법으로는 접지Earth라는 것도 있다. 이는 전기회로 또는 장비의 한 부분을 도체를 이용해 지면에 연결하는 방식을 뜻한다. 사람들은 대개 외부 활동 시 신발을 신고 있어 지면과 격리돼 있고 이 때문에 몸이나 피부에 전하가 축적되면서 정전기가 발생하게 된다. 손가락 끝과 같이 작은 단위 면적에 축적된 전하가 짧은 시간 안에 이동하면서 '찌릿'하는 경험을 하게 되는 것이다. 정전기 발생이 예상되면 어떤 물체를 만지기 전에 땅으로 정전기를 배출하는 것도 하나의 방법일 수 있다. 셀프 주유소의 정전기 방지 패드가 이같은 원리를 이용한 정전기 제거 방법이다.

정전기를 이용한 대표적 장치는 의외로 우리 주변에 있다. 회사에 갓 입사한 신입사원들이 가장 많이 다루는 기계인 복사기다. 복사기의 원리는 사실 연필로 종이에 필기를 하는 원리와 비슷하다. 연필 필기를 한다는 것은 연필의 탄소 덩어리흑연를 종이 표면에 긁어서 종이에 붙이는 것이다. 복사기도 연필과 마찬가지로 탄소를 종이에 붙이는 기계다. 다만 연필 필기가 물리적인 압력을 통해 종이에 탄소를 붙이는 것이라면 복사기는 정전기 성질을 이용해 종이에 붙게 하고 열과 압력으로 고정시키는 차이가 있다.

복사기 내부엔 양+전하로 대전된 감광체가 도포돼 있는 원통형 드럼과 음-전하로 대전된 토너 등이 있다. 복사하려는 종이 문서를 투명한 유리판 위에 놓고 복사 버튼을 누르면 유리판 아래로 빛이 흐른다. 이때 문서의 검은 글씨 부분은 빛을 흡수하고 하얀 여백 부분은 빛을 반사해 원통형 드럼 위에 상을 형성한다. 이 드럼의 표면은 양전하를 띠고 있다. 드럼 표면에 빛이 닿으면 빛이 닿은 부분은 드럼 표면의 양전하가 드럼 내부의 음전하와 중화되기 때문에 전하를 띠지 않는 중성자가 된다.

빛을 받지 않은 곳만 양전하 상태로 남게 되고 음전하를 띤 토너가 접근하면 토너 가루를 끌어당긴다. 이때 드럼 아래로 종이를 밀어 넣으면서 그 종이에 드럼 표면의 전하보다 강한 양전하를 걸어 주면 토너 가루들은 드럼에서 종이로 옮겨가 글씨를 만들어낸다. 다만 이렇게 완성된 글자는 정전기가 흐르는 동안만 유지되기 때문에 종이를 180℃ 이상의 뜨거운 롤로 압착해 복사를 마무리짓는다. 이 밖에 청소용 부직포나 방진 마스크 등도 가벼운 정전기의 원리를 이용한다.

14. 종이비행기 잘 날리려면?

라이트 형제와 몽골피에 형제의 비상의 꿈

19세기 말 미국의 어느 시골 마을. 겨울이 되자 눈썰매 경주 시합이 열렸다. 아이들의 최대 축제가 시작된 셈이었다. 저마다 집에서 부모형제의 도움을 받아 만든 썰매를 끌고 대회장으로 몰려들었다. 그 중 유독 눈에 띄는 썰매를 들고 나타난 남매들이 있었다. 대부분은 그저 투박한 네모 모양의 나무 상자 밑에 썰매날을 단 썰매를 갖고 대회를 준비하고 있었다. 다만 유독 한 팀의 썰매는 독특한 모양을 하고 있었다. 상자 부분을 아예 없애 버리고 썰매날 위에 사다리 모양의 틀을 올려놓은 썰매였다. 우승은 이 썰매로 대회에 참가한 삼남매였다. 이들은 오늘날 스켈레톤에 가까운 개조 썰매로 공기저항을 최대한 줄일 수 있었다.

그들의 이름은 윌버, 오빌, 캐서린이었다. 이 중 윌버와 오빌은 후에 '인류 최초 동력 비행기 발명가' 라이트 형제의 바로 그 윌버 라이트Wilbur Wright와 오빌 라이트Orville Wright였다. 어린 시절부터 희망의 싹이 보였던 셈이다. 라이트 형제는 1903년 12월 세계 최초의 동력 비행기인 플라이어Flyer 1호를 타고 하늘을 나는 데 성공하면서 수만 년 간 인류가 바라

▲ 라이트 플라이어의 비행 모습
(1903)
▶ 형 윌버 라이트(1905)
▶▶ 동생 오빌 라이트(1905)

던 하늘을 나는 꿈을 결국 실현했다. '하늘의 개척자' 라이트 형제의 동
생 오빌 라이트는 1948년 1월 자신의 고향인 미국 오하이오 주 데이턴
Dayton에서 눈 감기 직전 "바람은 높아⋯이제 날 수 있겠어."라는 유언을
남기기도 했다. 죽기 직전까지 비행기에 대한 생각뿐이었던 라이트 형
제 덕분에 우리가 현재 타는 비행기가 적어도 수십 년은 일찍 등장했다
는 데는 이론의 여지가 없을 것이다.

비행기는 아니지만 라이트 형제보다 먼저 하늘을 난 용감한 형제들
은 또 있다. 18세기 프랑스의 발명가 조제프 미셸 몽골피에Joseph-Michel
Montgolfier와 자크 에티엔 몽골피에Jacques-Etienne Montgolfier가 바로 그들이
다. 이들은 공기를 뜨겁게 데우면 가벼워져 위쪽으로 올라간다는 원리

◀ 형 조제프 미셸 몽골피에
◀◀ 동생 자크 에티엔 몽골피에

를 이용해 열기구를 만들었다. 이들은 종이와 헝겊으로 공기주머니를 만들고, 짚을 태워 공기주머니 안의 공기를 데워 하늘로 띄웠다. 이런 방법으로 몽골피에 형제는 1783년에 사람을 태운 열기구를 하늘로 올려 보내는 데 성공했다.

비행의 원리

다시 라이트 형제로 돌아와 라이트 형제가 하늘을 나는 꿈을 꾸게 된 계기는 바로 어릴 적 아버지의 선물에서 시작됐다. 목사였던 라이트 형제의 아버지 밀턴 라이트Milton Wright는 설교를 위해 장거리 여행을 자주 다녔는데 여행에서 돌아올 때마다 아이들을 위한 선물을 사오는 것을 잊지 않았다. 그 중 1878년 여행에서 돌아온 아버지가 등 뒤에서 선물이라며 난데없이 허공으로 던진 선물은 라이트 형제 꿈의 출발점이었다. 프랑스의 항공 디자이너 알퐁스 페노Alphonse Penaud가 만든 장난감 비행기에 그들은 넋을 잃고 즐거워했다. 라이트 형제는 이때 처음으로 비행에 대해 관심을 갖게 됐다고 나중에 회고했다.

새처럼 자유롭게 하늘을 나는 꿈을 누구나 한 번쯤은 꿨을 것이다. 같은 이유로 어릴 때 종이비행기 역시 누구나 한두 번쯤은 접어 날려 봤을 것이다. 하지만 어릴 때 별생각 없이 틀에 박힌 모양으로 단순하게 접어 날리던 종이비행기에 대해 얼마나 알고 있는가. 종이비행기도 실제 비행

프랑스 항공 디자이너 알퐁스 페노

기와 같은 항공역학에 따라 날아간다. 즉 과학적 원리를 잘 이해하고 그 원리를 잘 적용하면 멀리 혹은 오래 날게 할 수도 있고 부메랑처럼 다시 내게 돌아오게도 할 수 있다. 우선 종이비행기의 원리를 이해하기 위해 간단히 종이비행기의 각 위치에 따른 명칭과 기능을 살펴볼 필요가 있다.

일반적으로 종이비행기는 우리가 여행 시 타고 다니는 여객기와 달리 몸통 전체가 날개로 이뤄져 있다. 비행기가 뒤집히지 않고 활공할 수 있게 하려면 날개를 Y자 모양의 상반각으로 접어야 한다. 상반각이란 쉽게 말하면 날개를 윗방향으로 접어 생긴 각을 말한다. 이렇게 해야 종이비행기가 날 수 있을 만큼 바람이 닿을 수 있는 면적이 넓어지며 뒤집어지지 않게 균형을 잡을 수 있다. 반대로 날개를 아래로 꺾어 접는 하반

종이비행기 상반각③

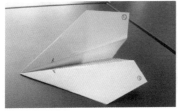

종이비행기 엘리베이터◆ / 종이비행기 몸통 깊이◇

각을 만들면 종이비행기에 바람이 닿는 면적이 좁아져 비행기가 빠르게 지면을 향해 회전하며 떨어진다.

종이비행기의 방향을 정해주는 부분은 뒤쪽에 있다. 항공 용어로 이를 엘리베이터◆라고 부른다. 엘리베이터를 위로 많이 올리면 비행기가 위로 올라가다가 가속도가 줄어들면서 아래로 다시 떨어진다. 하지만 아래로 떨어지면서 다시 속도가 붙다 보면 엘리베이터 때문에 다시 위로 올라간다. 이를 피칭현상이라 부른다.

종이비행기는 날개면적에 따라서 얼마나 오래 날 수 있는지가 결정된다. 몸통 깊이◇와 날개의 크기는 반비례한다. 즉 몸통 깊이가 깊으면 날개면적은 좁고 몸통 깊이가 얕으면 날개의 면적은 넓다. 날개 면적이 좁으면 공기의 양력揚力과 저항력이 작고 넓으면 양력과 저항력이 크다. 여기서 양력이란 떠오르는 힘을 말하고 양력과 저항력은 비례한다. 종이비행기는 날개가 크면 양력이 커지고 오래 날 수 있다. 반면에 날개가 작으면 양력도 작아져 활공은 힘들지만 저항력이 작아져 빠르게 날릴 수 있다.

작은 날개라는 뜻의 윙렛winglet · ★표 부분을 이용하면 부메랑 비행기를 만들 수도 있다. 날개 끝 부분을 위 · 아래로 접어 윙렛을 만들 경우 종이비행기를 팔을 비틀어 비스듬한 각도에서 날리면 다시 원래 자리로 돌아온다. 윙렛은 비행기가 뒤집어지지 않게 균형을 잡아주는 상반각의 역할을 하는 동시에 떠오르는 힘인 양력을 유지하는 기능도 한다. 반면 저항력은 줄여 주기 때문에 비행기는 부메랑이 돼 되돌아온다.

이번엔 사진 속 원통 모양의 링Ring비행기를 보자. 안쪽을 여러 번 접어 안쪽을 두껍게 함과 동시에 무게중심을

종이비행기 윙렛 별표 부분

한쪽에 뒀다. 이렇게 하면 떠오르는 힘인 양력이 안으로 집중되고 공기를 빨아들이는 현상이 생긴다. 공기가 바깥보다 안쪽에서 좀 더 빠르게 흐르게 된다. 이 비행기를 날리면 마치 제트엔진처럼, 종이비행기치고는 굉장히 빠른 속도로 공중을 가로질러 지나간다.

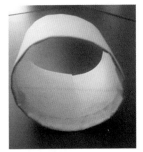

링 비행기

15. 너무 가벼워 지구를 떠났지만 생명체의 근원이 된 원소 '헬륨'

헬륨의 발견

"지나가 버린 어린 시절엔 풍선을 타고 날아가는 예쁜 꿈도 꾸었지."

대중가요 〈풍선〉의 노랫말 속 이 같은 꿈을 실제로 이룬 남자가 있다. 미국의 마술사이자 유튜버인 데이비드 블레인David Blaine이 2020년 9월 풍선을 타고 애리조나 사막을 건넜다. 외신에 따르면 블레인은 헬륨 풍선 50개에 의지해 하늘로 올라갔다. 그는 자신이 목표했던 5,486m보다 훨씬 더 높은 7,590m 상공까지 도달했으며 이후 호흡이 어려워지자 스카이다이빙 후 낙하산을 이용해 착륙했다. 약 1시간 가량의 특별한 풍선 여행은 전 과정이 유튜브로 전 세계에 생중계됐다.

그는 이번 퍼포먼스를 지난 1956년 개봉한 프랑스 영화 〈빨간 풍선Le Ballon Rouge〉에서 영감을 받아 기획했다고 밝혔다. 블레인은 풍선에 매달려 하늘로 올라간 소년의 모습을 재현해 보고 싶어 조종사 자격증과 열기구조종사 자격증을 취득했고 스카이다이빙 교육도 받았다. 그렇게 2년의 준비 끝에 시도한 그의 목숨을 건 도전은 대성공이었다. 그가 올린 유튜브 라이브 영상은 하루만에 약 600만 명의 시청자를 모으며 큰 인

기를 모았다.

　무색, 무취, 무미의 비활성 기체로 우주에 수소 다음으로 많은 기체. 공기보다 가벼운 기체로 흔히 풍선하면 떠오르는 기체. 원자 번호 2의 헬륨He이다. 하지만 이 헬륨은 지구 대기상에는 극소량만 존재한다. 이런 이유로 헬륨은 다른 기체들에 비해 늦게 발견됐다. 지구에서보다 태양에서 먼저 발견된 기체가 헬륨이다. 헬륨은 천체에서 오는 빛을 분해한 스펙트럼으로 천체에 관한 정보를 구하는 분광연구를 통해 그 존재가 밝혀졌다. 1868년 프랑스 천문학자 피에르 장센Pierre Jules César Janssen 이 인도에서 개기일식을 관측하던 중 태양 홍염의 스펙트럼 속에서 황색선을 관찰한 것이 헬륨 발견의 계기였다. 유일하게 지구가 아닌 태양에서 발견된 원소인 헬륨의 이름도 그리스 신화의 태양신 '헬리오스Helios' 에서 따왔다.

▲ 영화 〈빨간 풍선〉의 한 장면
▲ 영화 〈빨간 풍선〉의 포스터

▼ 피에르 장센

헬륨과 핵반응

태양과 헬륨의 밀접성은 여기서 끝나지 않는다. 사실 태양은 거대한 헬륨 공장이다. 수소를 태워 헬륨을 만들어내기 때문이다. 태양은 4분의 3이 수소, 4분의 1이 헬륨으로 구성된 거대한 가스 덩어리로 그 중심부에 있는 핵에서 수소 원자가 서로 결합해 헬륨으로 변하는 핵융합 반응을 일으킨다. 헬륨은 지구 대기 중에는 약 0.00005%로 매우 적은 양이 존재하지만 은하계 전체로 보면 수소 다음으로 풍부해 전체 원소 중 약 23%를 차지한다. 지구의 중력으로는 잡아 둘 수 없을 만큼 가벼워 지구 탄생 시 생산된 헬륨은 거의 모두 지구를 탈출했다. 대부분의 헬륨은 우주 대폭발인 빅뱅 이후 1~3분 동안 빅뱅 핵 합성 반응에 의해 형성된 것으로 알려지고 있다. 가벼운 데다 단원자 기체로 반응성이 거의 없어 기구나 풍선, 비행선 등을 띄우는 기체로 쓰인다.

그렇다고 헬륨을 단지 풍선 등의 역할로만 한정짓는다면 큰 오산이다. 헬륨은 생명의 근원이기 때문이다. 수소핵융합에 의해 헬륨을 생성하는 태양 같은 항성별은 수소핵이 고갈되면 이번엔 헬륨핵융합을 하게 되는데 그 헬륨핵융합을 통해 탄소를 만들어낸다. 우리 몸을 이루는 탄수화물, 단백질, 지방은 모두 탄소로 이뤄져 있듯 탄소는 생명체의 필수적인 원소다. 결국 헬륨은 너무 가벼워 지구가 품고 있기엔 힘든 원소지만 그렇다고 그 헬륨이 지구를 아주 떠나지는 못했다. 우주상의 별들에게로 가 결국 생명체의 씨앗을 만듦으로써 새로운 모습을 한 채 지구로 돌아온 셈이다.

헬륨을 마시면 목소리가 변할까?

그렇지만 일반인들이 헬륨하면 흔하게 떠올리는 기능은 풍선과 더불어 목소리 변조다. 도널드 덕DonAld Duck, 디즈니 애니메이션 캐릭터다. 수다쟁이 오리로 특유의 높고 시끄러운 목소리가 트레이드마크다. 여기에서 나온 말 중에 '도널드 덕 효과DonAld Duck effect'라는 게 있다. 헬륨 가스를 마시면 도널드 덕 같은 고음의 우스꽝스러운 목소리로 변하기 때문에 생겨난 말이다. 그렇다면 헬륨을 마시면 왜 목소리가 변할까. 목소리가 어떻게 만들어지는지부터 살펴볼 필요가 있다.

목소리는 공기에 의한 성대의 떨림으로 생겨난다. 진동수가 많으면 높은 소리를 진동수가 적으면 낮은 소리를 낸다. 평균적인 성인의 목소리는 남자의 경우 130헤르츠Hz, 여자의 경우 205헤르츠의 진동수를 갖고 있다고 알려져 있다. 진동수 즉 1초 동안 진동한 횟수를 결정하는 것은 진동을 전달하는 매질의 단위 부피당 질량인 밀도다. 매질의 밀도가 작을수록 진동수주파수가 커져 높은 음이 나온다.

헬륨은 공기보다 가벼운 다시 말하면 밀도가 작은 원소로 반응성이 거의 없는 비활성 기체다. 풍선에 헬륨을 넣는 이유다. 헬륨이 성대를 통과하게 되면 공기보다 가볍기 때문에 더 활발히 움직여 성대를 더 많이 떨게 한다. 진동수가 많아지면서 높은 소리가 나게 되는 것이다. 음성의 속도는 밀도에 반비례해 빨라지므로 헬륨을 마신 직후 내는 목소리는 속도 역시 빠르다. 헬륨을 마시면 평상

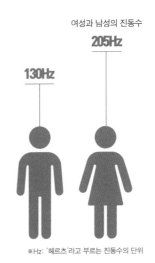

여성과 남성의 진동수

205Hz

130Hz

※Hz: '헤르츠'라고 부르는 진동수의 단위

시 목소리 대비 2.7옥타브 정도 높은 목소리가 나오게 된다. 이는 진동수 주파수가 그 만큼 높아졌다는 의미다.

　풍선 한두 개 정도 마셨다고 해서 인체에 해롭지는 않다. 헬륨 1분자는 원자 1개로 돼 있는 단원자 분자다. 다른 원소와 거의 화학 반응하지 않는 비활성 기체다. 반면 마셨을 때 헬륨과 반대로 낮은 목소리를 내는 기체도 있다. 이 기체는 헬륨과 반대로 밀도가 큰 기체일 것이다. 지구 대기 중에 질소, 산소 다음으로 많은 0.94% 비활성 기체로 실생활에서는 조명장치, 의료용 레이저, 용접 등에 사용한다. 바로 원자 번호 18번의 아르곤Ar이다.

16. 세상에서 가장 검은색 '반타블랙'

착시효과를 노린 설치미술

2018년 8월 13일 포르투갈 포르투. 한 해 30만 명 이상이 찾는다는 포르투갈에서 가장 인기 있는 미술관인 세랄베스 현대 미술관에서 한 관람객이 바닥에 설치된 검은 구멍 형태의 설치미술 작품에 빠져 다치는 사고가 발생했다. 당시 영국 일간 《가디언》에 따르면 한 60대 이탈리아인 관람객은 인도 출신 영국 조각가 아니쉬 카푸어Anish Kapoor의 '아니쉬 카푸어: 작품, 사상, 실험' 특별 전시회에서 이 같은 일을 당했다. 당시 문제가된 작품은 카푸어의 1992년 작 〈림보로의 하강Descent into Limbo〉이었다.

 카푸어는 이 작품을 통해 끝없는 무한의 깊이를 주는 듯한 착시를 표현하고자 했다. 이 작품은 1992년 카푸어가 독일에서 처음 발표한 것으로 가로·세로·높이 각 6m 콘크리트 벽으로 만들어진 공간의 바닥 중앙에 땅을 파서 원형 모양의 공간을 만들고 안쪽으로 블랙 페인트를 칠한 설치미술이었다. 카푸어가 2018년 이 작품을 세랄베스 미술관에서 재설치할 때는 깊이 2.5m 정도로 바닥을 파고 수직통로 안쪽으로 검은색 페인트를 칠했다. 아무리 검은색이라고 해도 평면과 입체를 구분 못할 정도일까 싶지만 그렇지 않다. 언뜻 보기엔 바닥에 그려진 검은색 원으로 보이는 작품이었다.

카푸어가 특수 페인트를 썼기 때문이다. 너무 어두운 블랙, 즉 사람의 눈으로는 깊이를 가늠하기 어렵게 하는 특수 물질을 수직통로 안쪽에 발라 관람객은 미처 그 작품이 뚫려 있다는 것을 감지하지 못했다. 바로 그 페인트는 빛 흡수율 99.965%의 신소재 물질 '반타블랙'이었다.

카푸어의 〈림보로의 하강〉

카푸어는 2016년 2월 예술적 용도로는 전 세계에서 자신만이 반타블랙을 사용할 수 있는 독점사용권을 구매했다고 밝혔으며, 2018년 재설치 땐 이 반타블랙Vanta Black을 사용했다. 카푸어가 2016년 거액을 주고 반타블랙의 예술적 사용에 대한 독점권을 확보하면서 표현의 자유 침해를 두고 잡음이 생기기도 했다. 그때 허리를 다친 관람객은 병원에 입원했지만 다행히 위중한 상태는 아니라 곧 퇴원했다고 한다. 카푸어는 사고 소식을 듣고 "무슨 말을 하겠나. 유감이다."는 반응을 보였다.

세상에서 가장 검은색

'세상에서 가장 검은 검은색'. '가장 순수한 검은색'. '인간이 만든 블랙홀'. 이 수식어들이 가리키는 대상은 바로 '반타블랙'이다. 도대체 얼마나 검기에 이 같은 수식어들이 붙었을까. 보통 검정 페인트도 빛을 일정 정도는 반사한다. 하지만 이 반타블랙은 거의 모든 빛을 빨아들인다. 보통 우리가 느끼는 색이란 것은 물체가 반사한 가시광선의 파장을 보는 것을 의미한다. 검정은 빛을 흡수하기에 검정으로 보인다. 비록 검정이라 하더라도 모든 빛을 흡수할 수는 없어 음영이나 질감 등은 느낄 수 있다. 반타블랙은 예외다. 이 물질은 빛 흡수율 99.965%를 자랑한다. 사실상 모든 빛을 먹어 버리는 셈이다. 또 반타블랙은 가시광선뿐만 아니라 사람이 볼 수 없는 자외선과 적외선까지 흡수한다. 이 때문에 이 반타블랙은 모든 물체를 평면으로 만들어 버린다.

3차원 조각상도 반타블랙을 입히면 2차원의 평면이 된다. 반타블랙 옷을 입으면 평생 다림질은 할 필요가 없다. 이 경이로운 물질은 2014년 영국 기업 '서리 나노시스템즈Surrey Nanosystems'의 탄소나노

세상에서 가장 검은색 반타블랙

튜브 제작 공정을 통해 탄생했다. '반타VANTA'는 'Vertically Aligned Nano Tube Arrays'의 약자로 수직으로 나란히 만들어진 나노튜브 배열을 뜻한다.

머리카락 굵기의 1만 분의 1 정도로 아주 작고 미세한 탄소나노튜브를 서로 수직으로 매우 촘촘하게 배열하면 튜브와 튜브 사이에서 빛이 갇혀 버리게 되는 원리다. 금이나 다이아몬드보다 단위당 가격이 더 비싸다고 알려진 이 반타블랙은 기밀을 요하는 인공위성의 위장을 위한 용도로 만들어졌다고 알려져 있다. 이 밖에 열과 물에도 강한 이 반타블랙의 용도는 확장성이 크다. 천체 관측을 하는 망원경 내부에 반타블랙을 적용하면 이 반타블랙이 빛의 산란을 막아 주는 역할을 해 별의 관찰을 도울 수도 있다.

하지만 인간의 기술 발전 노력엔 끝이 없어서 반타블랙보다 더 어두운 물질이 나왔다. 2019년 9월 미국 현지 매체에 따르면 메사추세츠 공과대학MIT 연구진은 가시광선을 99.995% 흡수하는 물질을 만들었다. 99.965%를 흡수하는 반타블랙보다 0.03% 더 높은 수치로 새롭게 세상에서 가장 어두운 물질 왕좌 자리에 오른 셈이다. 특히 흥미로운 사실은 이 물질이 우연히 개발됐다는 점이다.

연구진은 전기 전도성 물질의 특정 특성을 높이기 위한 실험을 진행하던 중 알루미늄 포일 표면의 산화층을 제거하고 그 위에 신소재인 탄소나노튜브CNT를 만드는 공정에서 이 탄소 구조물이 더욱 더 어둡게 보이는 현상을 발견했다. 이에 실험에 참여한 한 연구원이 표본의 광학 반사율을 측정해야겠다고 생각했고 측정 결과 반타블랙보다 더 어두웠던 것이다.

이 물질은 200만 달러 상당의 16.78캐럿 천연 옐로 다이아몬드에 코팅된 채 약 두 달간 미국 뉴욕 증권거래소에 전시됐다. 가장 빛 반사율이 높은 광물에 이 물질을 입힘으로써 이 물질이 얼마나 어두운지를 표현하고자 한 것이다. '허영의 구원Redemption of Vanity'라는 이름의 이 전시물은 MIT연구진이 유명
예술가 디무트 슈트레베
Diemut Strebe와 협력해 만
들었다. 연구진은 이 물질
을 비상업적인 활동에 한
해 예술가들에게 제공하
고 있다. 이 같은 행보는
반타블랙을 개발한 서리 나노시스템즈가 아니쉬 카푸어에게만 반타블
랙을 사용할 수 있는 독점권을 준 것과 대조되는 부분이다.

17. 일하는 단백질 효소의 신비한 세계 🔍

자신을 몸으로 실험한 괴짜 과학자 ⬆

18세기 이탈리아에 라차로 스팔란차니 Lazzaro Spallanzani라는 생물학자가 있었다. 그는 괴짜 과학자로 유명했다. 그는 자신의 몸을 마루타처럼 직접 실험 대상으로 활용했다. 그는 인류 과학사에 있어서 의미 있는 실험들을 자신의 몸을 대상으로 진행했고 실제 많은 업적을 남겼다. 그 중 하나는 바로 음식물의 소화 과정을 알아내기 위한 실험이었다. 그가 살던 시대에 사람들은 펩신, 아밀라아제 등의 소화 효소들이 음식을 분해한다는 사실을 전혀 몰랐다. 먼저 그는 구멍 뚫린 깡통에 고기를 넣고 독수리에게 뜯어먹게 했다. 한참 후 고기는 전부 녹아버렸다. 독수리의 침이 음식물을 분해하는 데 중요한 역할을 한다는 것을 증명한 것이었다.

이어 스팔란차니는 인간 즉 자신에 대

이탈리아 생물학자 라차로 스팔란차니

해서도 똑같은 실험을 진행했다. 그는 알약 크기의 작은 나무 튜브에 고기나 곡식을 넣어 삼킨다든지 음식물을 넣은 헝겊 주머니에 끈을 달아 삼킨다든지 하는 기이한 실험을 했다. 그는 먹은 음식물을 자신의 위액과 함께 토해 변화를 관찰한 후 이것을 다시 먹는 것을 반복하는 방식으로 음식물의 소화 과정을 실험했다. 결국 위액이 체온 정도의 온도에서 단백질만을 녹인다는 것과 부패를 막는다는 사실을 밝혀냈다.

그의 이 광기 어린 노력 덕분에 인류는 소화작용이 어떤 추상적인 생명의 힘 때문이 아닌 소화액소화효소의 화학작용 때문임을 알게 됐다. 이처럼 과학에 대한 순수한 열정과 호기심 그리고 불타는 사명감에 스스로 자신의 몸을 기꺼이 바쳤던 이들을 우리는 '기니피그Guinea Pig·의학 실험용으로 많이 쓰이는 쥐목 고슴도치과의 포유류 과학자'라고 부른다.

소화 작용을 위한 효소

음식물을 먹을 때 우리 몸 안에는 그것들을 분해해 흡수를 돕기 위해 다양한 효소들이 관여한다. 탄수화물은 아밀라아제amylase라는 효소의 작용으로 포도당으로 분해되고, 단백질은 프로테아제protease라는 효소에 의해서 아미노산으로 분해된다. 지방은 리파아제lipase라는 효소를 통해 지방산과 글리세롤로 분해된다. 한국인의 식생활 중 빼놓을 수 없는 밥은 주지하다시피 탄수화물이 주성분이다. 탄수화물을 분해하는 아밀라아제는 침의 주요 성분이다. 오래 씹을수록 침의 분비는 많아지고 결국 소화가 잘 된다. 효소는 비단 소화 작용만을 돕는 것은 아니다. 효소는 생명체의 세포 내에서 일어나는 갖가지 화학 반응의 속도를 제어하는 생체 촉매다.

효소는 쉽게 말하면 우리의 몸속에서 일을 하는 단백질이다. 역할에서 이름을 따 다른 말로 '생체촉매'라고도 한다. 자신은 변하지 않지만 다른 것들을 변하게 한다. 가위처럼 자르는 일이나 풀처럼 붙이는 일 외에도 다양한 일을 할 수 있는 단백질이다. 또 가위나 풀의 모습만 봐도 그 기능을 알 수 있듯이 효소도 모양을 보면 어떤 역할을 하는 효소인지 알 수 있다. 촉매하는 반응의 종류에 따라 가수 분해 효소·산화 효소·환원 효소 등 그 종류가 매우 많으며 각각 특정한 생화학 반응에 대해 특이적으로 반응한다. 주로 술·간장·치즈 등의 식품 제조 및 소화제 등의 의약품에 이용된다.

효소는 자신이 일을 하는 환경에 따라 모양이 달라지기도 한다. 가령 자신이 생체 내에서 활동하는 생물이 온천에 사는 생물이라면 그 효소는 열을 좀 더 잘 견딜 수 있는 모양으로 변하는 식이다. 그렇다면 효소가 왜 중요할까. 사람도 마찬가지겠지만 뭔가의 중요성을 알려면 그것이 없을 때를 생각해 보면 쉽다. 우리가 흔히 말하는 대사유전병들은 대부분 효소를 만드는 DNA가 문제가 생겨서 발생하는 경우가 많다.

앞서 말한 대로 효소는 몸속에서 자르고 붙이는 등의 일을 하는데 이 효소가 없거나 고장나면 이런 역할을 하지 못하기 때문에 제대로 체내에서 신진대사가 일어나지 못하게 된다. 이 같은 경우 이상이 생긴 효소를 몸속에 직접 주입해 주면 해당 유전병의 증상을 완화시킬 수 있다.

헌터 증후군 Hunter syndrome이라는 유전성 질환이 있다. 이 병은 뮤코다당 점액다당류를 분해하는 '이두로네이트 2-설파타제 IDS'라는 효소가 부족해 뮤코다당이 분해되지 못하고 체내에 쌓이면서 생기는 질병이

헌터증후군 환자(출처 : 리서치게이트)

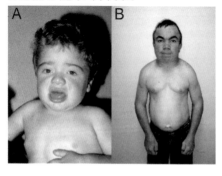

다. 독특한 얼굴 생김, 신체적 특징과 성장 지연, 정신지체 등의 임상적 특징을 갖는다. 하지만 부족한 IDS 효소를 투여해 주면 증상 발현 시기를 지연시키거나 증상을 최소화할 수 있다.

효소를 직접 약으로 쓰는 것 외에도 몸속에 비정상인 효소가 있으면 그 효소가 일을 최소한으로 할 수 있도록 효소 반응의 재료를 섭취하지 않는 방법도 있다. 페닐케톤뇨증phenylketonuria이라는 병은 아미노산 중 하나인 페닐알라닌을 분해하는 효소가 결핍돼 체내에 페닐케톤이 축적됨으로써 경련 및 정신지체를 일으키는 상염색체성 유전병이다. 이 병의 경우 페닐알라닌 섭식 제한을 통해 해당 효소에 아예 일거리를 주지 않는 방식으로 질환을 완화할 수 있다. 특정한 효소의 고장이 원인이 돼 생기는 백혈병의 경우 해당 효소가 일을 못하도록 막아주는 약물을 투여하는 방법으로 증상을 완화시키기도 한다.

이번엔 많은 사람들의 관심사인 다이어트와 관련된 얘기를 해 보자. 다이어트를 실행 중인 사람들이 한두 번쯤 들어 봤을 효소 다이어트제는 얼마나 효과가 있을까. 효소 다이어트 신봉자들에게는 다소 실망스럽겠지만 효소다이어트제로는 현저한 다이어트 효과를 기대하기 어렵다. 효소 역시 단백질이며 단백질인 만큼 소화기전에 따라 소화가 돼 분해가 되고 모양이 망가져 일을 하기가 힘들어진다. 실제 소화 작용을 하기 전에 섭취한 효소 중 많은 양이 소화되기 때문에 설령 소화기관까지 도달한다고 해도 소화 활동에 직접 관여하기에는 이미 양이 미미하다. 또 정상적인 사람의 몸속에는 우리가 필요한 만큼의 소화효소가 분비되고 있기 때문에 추가로 효소를 더 투입한다고 해도 우리가 느낄 수 있을 만큼의 큰 효과를 보기는 어렵다. 유전병 등의 치료용으로 쓰이는 효소는 경구섭취가 아닌 액상으로 혈액에 바로 주입하는 형태를 띤다.

18. 0.4초만에 사라지는 야구공 속력 어떻게 측정할까?

야구와 스피드건

"야구를 향한 나의 열정은 스피드건에 찍히지 않는
다You can't measure heart with a radar gun."

시속 140km를 겨우 넘는 직구로도 미국 메이저리
그를 주름잡았던 특급 좌완 투수 톰 글래빈Tom Glavine
이 한 말이다. 야구 경기에서 현재처럼 투수들의 투
구 속도를 측정하기 시작한 것은 그리 오래되지 않
았다. 미국 경찰이 1954년 자동차의 과속 위반 단속

톰 글래빈

용으로 개발한 스피드건speed gun을 1974년부터 본격적으로 야구 속도
측정에도 사용하면서 투수들의 구속을 재기 시작했다. 1974년 이전까지
는 육안으로 볼의 속도를 측정하는 경우가 많았다.

메이저리그의 대표적 파이어볼러fireballer · 강속구를 던지는 투수로 역대 메
이저리그 탈삼진 통산 1위5,714개에 빛나는 놀라운 성적을 거두며 '인간
의 내구성을 초월한 탈삼진 기계'로까지 불린 놀란 라이언Nolan Ryan. 그는
1974년 8월 20일 애너하임 스타디움에서 열린 디트로이트 타이거스와의

경기에서 스피드건에 100.9마일162.4km을 찍
었다. 이는 현재까지도 기네스북에 등재된 세
계에서 가장 빠른 야구 공이다. '요즘 메이저
리그에 100마일짜리 공을 던지는 투수는 수
두룩한데 무슨 소리냐' 하겠지만 기네스북은
21세기 기록은 공인하지 않는다. 2000년 이후
메이저리그에서는 소위 '스피드 인플레이션
Speed inflation'이 발생했기 때문에 지금의 스피
드건을 믿지 못한다는 게 대체적인 의견이다.

놀란 라이언

스피드건은 제조사나 제조 연도에 따라 측정값이 최대 시속 10km까
지 차이를 보인다는 게 정설이다. 1980~1990년대 스피드건은 현재 스
피드건보다 더 인색한 숫자를 찍어냈던 것으로 알려졌다. 일부 메이저리
그 거물급 투수들이 "스피드건 숫자는 거짓이다"는 양심선언을 하는 등
2000년대 이후 메이저리그에서는 스피드건의 구속을 둘러싼 진실 공방
이 계속 진행 중이다. 그럼에도 마일을 쓰는 메이저리그에서 '세 자릿수
구속Three digit velocity'이 갖는 상징성이 크기 때문에 여전히 스피드 인플
레이션은 암묵적으로 용인된다. 마운드 위 투수의 어깨를 떠난 공이 타
자의 힘찬 헛스윙을 이끌어 내고 그 공이 포수의 미트에 "팡"하며 묵직
하게 꽂히는 순간 전광판에 100마일 이상의 세 자릿수가 찍히면 관중의
흥분은 배가되기 때문이다.

우리는 야구 경기를 볼 때 투수가 일구 일구 투구할 때마다 어떤 하나
의 숫자를 확인할 수 있다. 바로 해당 투구의 속력이다. 이를 우리나라는
시속으로 미국은 마일로 표시한다.

물체의 속도를 측정하는 도플러 효과

높이 25.4cm의 투수 마운드에서 홈플레이트까지 거리는 18.44m다. 투수의 손을 떠난 공이 포수의 미트까지 들어가는 데 걸리는 시간은 대략 0.4초다. 말 그대로 눈 깜짝할 사이에 홈플레이트에 도달하는 투구의 속력을 우리는 어떻게 측정할 수 있을까.

먼저 앞서 말했듯 야구공의 속력을 측정하는 기구는 자동차의 과속을 측정하는 것과 마찬가지로 스피드건이다. 스피드건은 움직이는 물체의 속력을 측정하기 위해 사용하는 장치로 도플러 효과Doppler effect를 이용한 레이더 기기다.

도플러 효과란 파동을 발생시키는 파원파동이 처음 만들어진 곳과 관찰자가 상대적으로 가까워지면 파원이 내놓는 파동의 진동수보다 높은 진동수주파수가 관찰되고 멀어지면 낮은 진동수가 관찰되는 현상을 가리킨다. 이 현상을 처음 설명한 19세기 오스트리아 물리학자 도플러의 이름

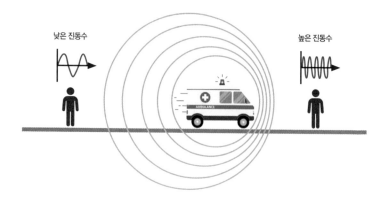

도플러 효과

낮은 진동수　　　　　　　　　　　높은 진동수

을 기념하기 위해 이렇게 명명됐다.

스피드건은 자동차나 야구공 등 움직이는 물체의 속력을 측정하기 위해 해당 물체로 레이더파입사파를 쏜다. 하지만 이 레이더파는 물체에 닿는 순간 반사반사파돼 되돌아온다. 물체가 관찰자 쪽으로 가까워지고 있으므로 도플러 효과에 의해 진동수가 증가한다. 같은 매질파동을 전달하는 물질 안에서 파동의 속력은 일정하기 때문에 진동수와 파장은 반비례속력=진동수×파장한다. 즉 스피드건에서 발사할 때의 진동수와 물체에서 반사돼 돌아온 진동수를 비교하면 해당 물체의 속력을 구할 수 있다. 스피드건 내부에 장착된 컴퓨터는 안테나에서 발사될 때의 진동수와 물체에서 반사돼 되돌아온 진동수를 비교해 해당 물체의 속력을 계산해낸다.

이 같은 도플러 효과는 비단 움직이는 물체의 속력 측정뿐만 아니라 여러 곳에 적용되는데, 우리가 흔히 접하는 일상 소음에서도 이 원리를 확인할 수 있다. 구급차가 경적을 울리면서 내 쪽으로 다가올 때와 내 쪽에서 멀어질 때의 소리의 고저가 다른 것은 바로 이 도플러 효과 때문이다. 경적을 울리며 다가올 때는 음파의 진동수가 증가해 경적 소리가 보다 고음으로 들리고 똑같은 경적 소리라도 내게서 멀어질 때는 음파의 진동수가 감소해 상대적으로 저음으로 들리는 것은 바로 이 때문이다.

19. 자연에 존재하는 패턴의 경이로움 🔍

중세 이탈리아 수학자 레오나르도 피보나치

"어떤 농부가 벽으로 둘러 싸인 한 장소에 한 쌍의 토 끼들을 둔다. 이 한 쌍의 토 끼가 두 번째 달부터 매달 암수 한 쌍의 새끼를 낳고 새로 태어난 토끼도 태어 난 지 두 달 후부터는 매달 암수 한 쌍의 토끼를 낳는 다고 가정한다. 1년이 지나 면 모두 몇 쌍의 토끼가 생 산될까?"

중세 이탈리아 수학자 로 '피사의 레오나르도'라 고 불린 레오나르도 피보

이탈리아 수학자 레오나르도 피보나치

나치Leonardo Fibonacci의 역작《주판서Liber Abaci》3부에 실린 유명한 문제다. 피보나치는 이집트, 시리아, 그리스, 시칠리아 등 여러 나라를 여행하며 아라비아에서 발전된 수학을 두루 섭렵하고 이를 정리하고 소개함으로써 그리스도교 여러 나라의 수학을 부흥시킨 인물이다. 피사의 실력 있는 상인이었던 아버지를 따라 세계 곳곳을 여행할 수 있었던 피보나치는 자연스럽게 다양한 문

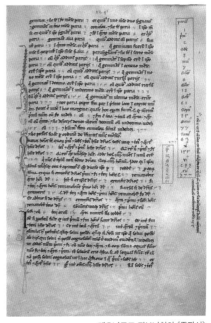

레오나르도 피보나치의《주판서》

화와 학문을 접하는 기회를 가질 수 있었다. 피보나치가 특히 북아프리카 한 항구의 무역 통상 대표로 임명 받은 아버지를 따라가 그곳에서 최신 이슬람 수학을 배우게 된 것은 그로서나 유럽으로서나 굉장한 행운이었다.

피보나치는 그때의 기억을 "내가 훌륭한 지도를 받아 인도인들의 아홉 개의 기호가 나타내는 예술을 알게 됐을 때, 나는 그 무엇보다도 그 예술에 대한 지식을 이해하게 돼 기뻤다."고 회고했다. 그 예술이란 바로 인도-아라비아 숫자였다. 피사로 돌아온 피보나치가 그동안 배웠던 것을 기록한 계산에 관한 책이 바로《주판서》였다. 그 책은 오늘날 인도-아라비아 숫자와 그 숫자들의 사칙연산 방법을 서양에 전달한 중요한 책이 됐다.

앞의 토끼 문제로 다시 돌아가 피보나치가 제시한 답은 오늘날 피보나치 수열로 잘 알려진 수열 1, 1, 2, 3, 5, 8, 13, 21, 34, 55, 89…이다. 이미 수백

년 전에 인도 수학자들이 기록으로 남겨 놨던 이 수열은 처음 두 항을 1로 하고 세 번째 항부터는 바로 앞의 두 항의 합이 되는 수들로 반복해 나열한 수열이다. 아울러 뒤의 수를 바로 앞의 수로 나눈 값은 황금비율이라고 알려진 '1.618034…'에 근접하며 항의 개수가 많아질수록 그 비율이 점점 황금비에 가까워진다.

피보나치 수열과 자연법칙

이 피보나치 수열은 수많은 자연현상을 설명하는 데도 사용된다. 대자연이 자연법칙과 밀접한 관련을 맺고 있는데 주변 꽃잎의 수에서 우리는 이 피보나치수열을 발견할 수 있다. 나팔꽃은 꽃잎이 1장, 등대풀 2장, 붓꽃 3장, 동백 5장, 코스모스 8장, 금잔화 13장, 치커리 21장, 데이지 34장이다. 이 수열을 따르는 이유는 꽃잎들은 꽃 안의 암술과 수술을 보호하는 역할을 하기 위해 이리저리 겹쳐져야 하는데, 꽃잎의 수가 가장 효율적으로 역할을 수행할 수 있는 조건이 바로 피보나치 수열이기 때문이다. 피보나치 수열은 나무의 가지치기에도 적용된다. 대부분의 나무는 한 가지에서 두 개의 가지를 만든다. 이어 새 가지 중 하나가 가지치기를 하는 동안 다른 가지는 가지치기를 멈춘다. 한 가지에서 분지되는 동안 다른 쪽은 쉬는

반 고흐의 〈해바라기〉

과정이 되풀이 되면서 가지치기가 이뤄진다.

이런 일련의 과정을 살펴보면 맨 처음 가지에서 시작해 뻗어나간 가지의 개수들에서 '1, 2, 3, 5, 8, 13…' 피보나치 수열을 발견할 수 있다. 식물의 줄기에 붙는 잎의 배열 방식인 '잎차례'도 피보나치 수열을 따르는데 이는 잎이 최대한 햇빛을 골고루 받기 위해서다. 한 변의 길이가 1, 1, 2, 3, 5, 8, 13인 정사각형을 그린 다음 곡선으로 연결하면 위 나선형 곡선이 완성된다. 해바라기꽃에 씨가 박힌 모양을 보면 시계방향과 반시계 방향으로 도는 두 가지 나선을 확인할 수 있는데 나선의 수는 21,34,55,89처럼 연속된 두 개의 피보나치 수가 된다. 이를 통해 해바라기는 좁은 공간에 많은 씨를 촘촘하게 배열해 비바람에도 잘 견딜 수 있다.

1953년 DNA 이중나선 구조를 밝혀낸 제임스 왓슨과 프랜시스 크릭James Watson & Francis Harry Compton Crick에 의해 DNA 사슬의 폭이 2나노미터nm이며, 나선의 한 바퀴는 3.4nm라는 사실도 밝혀졌다. 이는 21과 34의 비율로 황금나선을 이뤄 그 어떤 구조보다도 효율적이면서도 안정적

제임스 왓슨과 프랜시스 크릭

인 구조가 된다. 한 변의 길이가 피보나치 수인 정사각형을 이어붙인 다음 각 정사각형에서 사분원을 그려 차례로 연결한 나선을 피보나치 나선등각 나선이라고 하는데, 우리는 이 나선을 앵무조개껍질 소용돌이, 귀바퀴, 태풍과 허리케인, 나선은하 등 우리 인체서부터 우주에 이르기까지 다양한 곳에서 찾아볼 수 있다.

자연 속의 패턴은 '자연의 기하geometry of nature'라고 불리는 프랙탈

눈 결정의 프랙탈 구조

fractal 구조라는 것에 의해서도 발현된다. 프랙탈이란 부분의 모양이 전체의 모양을 닮는 자기유사성을 가지면서 동일한 모양이 한없이 반복되는 순환성을 보이는 현상을 말한다. 부분과 전체가 크기만 다를 뿐 똑같은 모양을 무한히 반복하고 있는 구조가 프랙탈이다. 우리가 나물로 자주 해 먹는 양치식물인 고사리의 잎은 프랙탈 구조를 갖고 있다. 이 뿐만이 아니라 나뭇가지, 우리나라 남해안의 리아스식 해안, 동물의 혈관, 눈雪 결정, 번개의 모양에서도 프랙탈 구조는 나타난다.

러시아 여행을 가면 기념품으로 많이들 사오는 마트료시카 인형은 큰 인형 안에 동일한 모양의 작은 인형이 계속 들어 있는 인형으로 여기서도 프랙탈 구조의 아이디어가 담겨 있다. 이 밖에 호랑이, 표범, 얼룩말 등의 가죽에 있는 무늬도 일정한 패턴에 따라 새겨져 있다. 이 같은 패턴들은 간단한 수학적 모델을 이용해 인간이 재연해 볼 수 있을 만큼 정교하다.

이 정도면 "그래도 지구는 돈다"는 말로 유명한 이탈리아 과학자 갈릴레오 갈릴레이의 "자연은 신이 쓴 수학책이다."라는 말에 고개가 끄

로마 시대 원형 경기장 콜로세움

덕여질 만하다. 인간이 만든 건축물에서도 패턴은 나타난다. 2017년 10월 이탈리아 문화부는 7년에 걸친 복원 작업을 마치고 고대 로마 시대 최대 원형 경기장인 콜로세움 최상층을 개방했다. 콜로세움뿐만 아니라 우리나라도 일제가 파괴한 경복궁에 대한 2차 복원을 진행 중이다. 이처럼 전쟁 등의 이유로 훼손된 고대 건축물들을 후세에 복원할 수 있는 것은 그 안에 예측할 수 있는 패턴이 있기 때문이다.

20. 빨간색 옷을 입으면
벌의 공격을 받기 쉬운 이유는 🔍

투우사의 빨간 천 카포테 ⤴

투우사에 대한 소개가 끝나면 투우장에 소가 입장한다. 미리 가능한 사납고 거친 소가 투우사와 싸울 소로 정해지고 전투를 앞둔 소들은 투우

스페인 투우

장에 투입되기 전 24시간을 완전히 빛이 차단된 암흑의 방에 가둬진다. 소가 나오면 투우사가 카포테capote라는 빨간 천을 이리저리 흔들어 댄다. 어두운 데 갇혀 있다가 갑자기 밝은 빛 속으로 나온 데다 관중들이 일제히 함성을 지르고 눈앞에선 카포테가 현란하게 움직이며 자신을 조롱하니 소는 곧 흥분하며 날뛰게 된다.

흥분한 소는 콧김을 세차게 뿜으며 자신이 일으킨 먼지바람 속으로 맹렬히 돌진한다. 투우사는 보기 좋게 이를 피하고 다시 카포테를 흔들며 소를 골탕 먹인다. 그러면 소는 가쁜 숨을 몰아쉬며 다시 카포테를 찢어버릴 기세로 달려든다. 우리는 이 장면을 보고 소가 빨간색을 보고 흥분한다고 흔히들 착각을 한다. 하지만 소는 색맹이라 빨간색을 구분하지 못한다. 소는 빨간색에 흥분하는 것이 아니라 투우사가 카포테를 흔드는 행위에 흥분하는 것이다. 소의 눈은 움직이는 사물에 민감하기 때문이다.

카포테가 빨간색인 이유는 소가 아닌 관중들을 흥분시키기 위해서다. 동물은 사람에 비해 볼 수 있는 색이 제한적이다. 거의 모든 동물은 사람이 볼 수 있는 색 중 일부 색만 볼 수 있다. 상어나 소는 색맹으로 세상이 흑백으로만 보인다. 반면 대부분의 곤충과 새는 사람이 볼 수 없는 자외선을 볼 수 있는 시야를 가졌고 방울뱀은 적외선을 감지해 먹이를 찾는다. 색맹이라는 것도 사실 인간의 기준으로 색맹인 것이지, 어떤 동물들은 인간이 전혀 볼 수 없는 자외선이나 적외선을 볼 수도 있기 때문에 인간이 자신들을 이런 식으로 규정하는 것을 안다면 동물들로서는 억울하거나 기분이 상할 수도 있는 일이다.

색은 전기신호이다

설이나 추석에 성묘를 갈 땐 검은색 등 짙은색이나 빨간색 옷을 입으면 안 된다. 또 모자를 쓰는 게 좋다. 말벌이 검은색과 비슷한 색을 보면 자신들의 천적인 곰이나 오소리라고 생각해 공격하기 때문이다. 그렇다면 우리가 보기에 빨간색은 검은색과는 차이가 큰 색인데 왜 벌의 공격 대상이 될까? 벌에게 빨간색은 볼 수 없는 색이기 때문이다. 벌은 빨간색을 검은색으로 인식한다. 다만 벌은 빨간색을 못 보는 대신 인간이 볼 수 없는 자외선은 볼 수 있다. 화려한 꽃의 상당수는 꽃잎 위에 꿀이 들어 있는 중심부를 향해 자외선 띠를 형성함으로써 꿀벌 등 곤충을 유혹한다.

다른 식으로 말하자면 색은 사실 존재하지 않는 것이다. 색을 만드는 빛은 전기신호로, 색은 서로 다른 주파수의 파동이다. 눈에 보이는 것은 단순히 전기신호에 지나지 않는다. 우리 눈의 망막 위에는 시세포인 원뿔 모양의 원추세포가 있고 이 원추세포가 색을 감지하는 역할을 한다.

조르주 쇠라의 〈그랑드 자트 섬의 일요일 오후〉

인간의 망막에는 약 700만 개의 원추세포가 있다. 원추세포에는 세 종류가 있다. 즉 빨강·녹색·파랑색의 가시광선을 인식하는 적추체·녹추체·청추체가 있어 여러 가지 색깔을 인식 할 수 있다. 이는 카메라가 빨강, 초록, 파랑의 적녹청RGB 조합을 통해 사진을 만드는 것과 같은 원리다. 원추세포는 서로 다른 주파수를 받아들이는 안테나로 수백만 화소의 카메라 역할을 한다고 볼 수 있다.

컴퓨터 모니터나 인쇄물에서 볼 수 있는 모든 디지털 이미지들을 아주 크게 확대하면 그림의 경계선들은 작은 사각형들이 붙어 마치 계단처럼 보이는 것을 알 수 있다. 이처럼 디지털 이미지들은 더 이상 쪼개지지 않는 네모 모양의

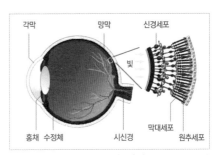

눈의 구조와 원추세포(출처 : Anatomy Note)

작은 점들이 모여서 전체 그림을 만든다. 이때 이미지를 이루는 가장 작은 단위인 이 네모 모양의 점들을 '픽셀Pixel' 혹은 화소라고 한다. 화소의 수가 많을수록 해상도가 높은 영상을 볼 수 있다. 같은 면적 안에 픽셀 즉 화소가 더 빽빽하게 많이 들어 있을수록 그림이 더 선명하고 정교하다.

사람 눈은 화소의 한계가 있어 일정 정도 이상으로 어떤 이미지를 세밀하게 보지는 못한다. 그럼에도 불구하고 디스플레이는 우리 눈이 갖고 있는 화소의 한계를 넘어 계속해서 보다 높은 해상도를 구현 중이다. 뿐만 아니라 다양한 형태의 모습들로 인간의 삶에 편리함을 가져다주고 있다. 디스플레이는 탄소나노튜브, 그래핀의 발견 등 관련 기술의 발전에 힘입어 급속도로 다양한 형태를 구사해 나가고 있다. 커브드 디스플레이, 폴더블이나 롤러블 등의 플렉서블 디스플

레이, 투명 디스플레이를 넘어 스트레처블 디스플레이까지 현실화를 눈앞에 두고 있다.

스트레처블 디스플레이는 폴더블 또는 롤러블 디스플레이와 같이 한 방향으로만 변형이 가능했던 것과 달리 두 방향 이상으로 변형할 수 있으며 신축적으로 변형이 됐다가 원래의 모습으로 돌아갈 수 있는 차세대 디스플레이를 말한다. 웨어러블 기기와 접목해 사용될 수 있는 등 응용 범위와 시장 잠재성이 무한한 것으로 평가받는다.

CHAPTER 3

알아두면 쓸모 있는 **생물학** 상식

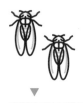

21. 초파리도 실연하면 만취한다? 신비한 초파리의 세계

천재 시인 백석과 자야의 사랑

"나타샤를 사랑은 하고 눈은 푹푹 날리고
나는 혼자 쓸쓸히 앉아 소주를 마신다"

– 백석의 〈나와 나타샤와 흰 당나귀〉 중 –

천재 시인 백석의 대표작 〈나와 나타샤와 흰 당나귀〉 속 화자는 나타샤를 사랑하지만 가난한 처지로 인해 그 사랑을 이루기 힘들다. 결국 쓸쓸히 소주를 마시며 그 그리움과 고독을 달랜다. 이 시는 백석이 1937년 겨울에 썼다. 백석이 연인 자야_{김영한}를 만나고 떠나는 길 그녀에게 준 편지봉투 안에 같이 넣어 전달한 연시다. 자야는 가난 때문에 팔려가다시피 만난 남편과 사별 후 기생이 되고 시인 백석과 사랑에 빠졌으나 신분 때문에 백석의 집에서 결혼을 반대해 이뤄지지 못했다.

시인은 함경남도 함흥 영생여고보 영어교사 시절 이임교사 송별연에서 만난 자야에 반했다. 자야 역시 백석 시인이 그녀에게 지어준 아호였다. 부모의 강권으로 다른 처녀와 두 차례나 결혼식을 올렸지만 그때마다 며칠을 못 채우고 자야에게 돌아갔다고 한다. 이에 백석은 자야에게 만주로 도망가서 함께 살자는 제의를 하고 거절당하자 시 〈나와 나타샤와 흰 당나귀〉를 주고 떠났다.

해방 후 백석은 만주에서 자신의 고향인 평북 정주로 돌아가고 그

영생여고보 시절 시인 백석

곳에서 남북분단을 맞는다. 남과 북으로 분단되면서 백석과 영영 생이별을 하게 된 자야는 성북동 기슭에 대원각을 차려 크게 성공했다. 하지만 백석과의 이루지 못한 사랑은 늘 마음 속 깊이 새겨둔 채 평생 혼자 지냈다. 그 뿐 아니라 백석의 생일인 매년 7월 1일이면 식사를 하지 않으며 그를 기렸다고 한다.

후에 자야는 자신이 운영하던 최고급 요정 대원각을 자신이 감명 깊게 읽은 책인 《무소유》의 저자 법정 스님에게 절을 지어달라며 시주했다. 요정터 7,000평과 40여 채의 건물은 당시 약 1,000억 원에 이르는 가치였다고 전해진다. 그렇게 탄생한 절이 서울 성북동의 길상사다. 당시 "언제 백석이 생각나느냐?"는 질문에 자야는 "사랑하는 사람을 생각하는 데 때가 어디 있나?"라는 답을 남겼다고 한다. 또 "1,000억 원이란 돈이 백석의 시 한 줄만도 못하다."고 말했다고 한다. 과연 백석 시인이 그토록 사랑했던 나타샤다운 낭만적인 답변이다.

백석 시인은 아니지만 누구나 한 번쯤은 떠나간 연인을 생각하며 젊은 시절 쓸쓸히 술을 마신 기억이 있을 것이다. 실연은 취하고 싶은 마

음을 더욱 북돋우는 휘발유 같은 것이다. 실연 당시에는 그 시점부로 세상이 다 무너져 내린 것 같은, 더 이상 내일은 없을 것 같은 생각이 들기도 한다. 더없이 삶이 허무해지고 내 자신이 초라해지는 데 실연만한 계기는 없을 것이다.

지나친 감상感傷에 젖어 술로 그 마음을 달래려 한다. 하지만 누구나 다 알다시피 술은 그 감상을 달래주지 못한다. 쓸쓸한 뒷날 아침만을 만나게 해 줄 뿐이다. 언제나 그렇듯 현실은 차갑고 냉정하다. 그렇지만 긴 인생에서 늘 현실만 바라보고 살 수는 없는 법이라 인간은 슬픈 일이 있을 때 일부러 취하기 위해 술을 마시기도 한다. 젊은 시절 사랑을 잃은 것만큼 슬픈 일이 또 있으랴.

초파리의 실연과 술

이처럼 실연에 마음 아파하며 허무한 인생을 더욱 허무하게 만들기 위해 술을 찾는 것은 비단 인간뿐만이 아니다. 미물인 초파리도 사랑을 잃으면 술을 마신다. 여름철 모기와 더불어 대표적인 불청객 중 하나인 바로 그 초파리 말이다. 일반 파리보다 작은 3mm 정도 크기인 초파리는 수박, 복숭아, 포도 등 달고 신과일을 먹을 때면 어김없이 나타나 우리를 귀찮게 하는 녀석들이다. 하지만 이처럼 골칫거리인 초파리가 사람과 400개 이상의 유전자를 공유하고 있는 등 여러 가지 이유로 유전학에서는 좋은 실험 재료가 된다.

초파리는 사람과 공유하고 있는 400여 개 유전자로 인해 사람과 비슷한 습성을 나타내기도 한다. 그 중에 하나는 실연을 하면 음주량이 증가한다는 점이다. 사랑을 잃은 아픔을 술로 달래는 모습이 사람과 놀랍도록 닮아 있다. 우선 초파리의 교배에 대한 얘기부터 하자면 수컷 초파리가 암컷 초파리와 교배를 하기 위해서는 춤을 포함한 복잡한 구애 행동이 있어야 한다. 암컷 초파리는 수컷 초파리가 만족스러운 구애 행동을 했을 경우에 비로소 교배를 수락한다.

초파리의 짝짓기(출처 : Latin Americans Science)

그러나 이미 교배를 경험한 암컷 초파리들은 수컷 초파리들이 구애 행동을 하더라도 교배에 잘 응하지 않는다. 유전학자들은 초파리의 이런 행동을 이용해 실험을 진행한다. 먼저 첫 번째 투명 유리 상자에는 모두 교배 경험이 없는 암컷 초파리와 수컷 초파리를 같이 넣어주고, 두 번째 상자엔 교배를 한 암컷 초파리와 교배한 적 없는 수컷 초파리를 넣어줘 이를 비교한다.

첫 번째 상자에서는 수컷의 구애에 이은 교배가 이뤄진다. 그러나 두 번째 상자에선 수컷 초파리의 구애 행동에도 불구하고 암컷 초파리는 이를 무시하면서 수컷 초파리는 실연을 겪게 된다. 이 경우 실연당한 수컷 초파리가 일반 밥과 알코올약 15% 농도을 섞은 밥 중 어떤 것을 선호하는지 테스트한 결과 알코올이 들어간 밥을 선택하는 비율이 약 30% 정도 증가했다.

재미있는 것은 유전학자들이 실연당한 초파리들을 다시 미교배 초파리들과 함께 둬 교배 성공을 유도하면 알코올 섭취량이 급격히 줄어드는 연구 결과를 얻을 수 있었다는 점이다. 자연 상태에서도 초파리들은 실연을 당할 경우 발효된 과일 등에서 알코올을 섭취하는 경우가 빠르게 증가하는 것으로 알려져 있다.

초파리들의 이 같은 행동에 관여하는 것은 사람을 포함한 포유류가 갖고 있는 신경펩타이드 Y$_{NPY}$와 비슷한 신경펩타이드 F$_{NPF}$라는 단백질이다. 교배에 성공한 수컷 초파리들의 뇌에는 NPF의 양이 많은 데 비해 실패한 녀석들의 뇌에는 NPF의 양이 매우 줄어들게 된다. 바로 이 NPF의 양이 줄어들면 알코올을 섭취하려는 습성이 증가하게 된다.

교배에 실패해 NPF 양이 줄어든 수컷 초파리들이 알코올을 섭취할 경우 NPF의 양은 다시 회복된다. 술이 짝짓기 실패에 대한 일종의 보상으로 작용하는 셈이다. 이 같은 원리는 사람의 경우 실연뿐만 아니라 약물에 중독된 사람들에게서도 나타나는데 뇌의 NPY 양이 적어진 상태에서 약물이 체내로 들어가면 NPY는 다시 늘어나게 된다. 초파리를 약물 중독 치료 연구에까지 활용할 수 있는 것이다.

22. 복어는 어떻게 몸을 둥글게 부풀릴까? 🔍

별미의 고기, 복어 ⤡

"피와 알에 무서운 독이 있어 잘못 먹으면 반드시
사람이 죽는다. 이를 알지 못하는 사람은 없지만
한때의 별미를 탐해 종종 그 독에 빠지게 되니 참
으로 개탄할 일이다"

유중림의 《증보산림경제》

　조선 후기의 의관 유중림은 자신의 저서《증보
산림경제增補山林經濟》에서 복어 독의 위험성과 그
맛의 아름다움을 이렇게 묘사하고 있다. 독이 위
험하다는 것을 잘 알면서도 그 치명적인 맛의 매
력을 탐해 죽는다고 개탄한 것이다.

　중국 송나라 제일의 문장가 소동파는 친구에게서 복어를 대접받고 한
입 먹은 후 "한 번 먹고서 죽어도 여한이 없구나!"라고 극찬했다. 복어
의 맛이 죽음과도 맞바꿀 만한 가치가 있을 만큼 맛있다는 얘기였다. 실
제 소동파는 봄이 되면 황복이 강을 거슬러 올라오기만 기다렸다고 할
정도로 복어를 매우 좋아했다고 한다. 소동파는 귀양 가서 자신의 이름

을 딴 동파육東坡肉을 만들어 보급했을 만큼 미식가였기에 소동파의 복어 예찬론은 사람들에게 널리 회자됐다.

우리나라에서도 경남 창녕의 가야시대 고분에서 복어 식용 흔적이 발견되고《조선왕조실록》에도 여러 차례 기록이 등장하는 등 오래 전부터 복어를 먹어왔음을 짐작할 수 있다. 과거엔 배가 볼록해 물에 사는 돼지라는 의미의 하돈河豚으로 불리기도 했는데 이와 관련한 기록이《조선왕조실록》에도 등장한다. 성종 24년1493년에 웅천 경남 창원시 진해구의 옛 지명에서 복어가 굴과 미역에 알을 낳는 바람에 그 사실을 모르고 먹은 해안가 주민 24명이 사망하는 사고가 발생했다. 이 일로 경상도 관찰사 이계남이 굴과 미역을 채취하는 것을 금지하다가 결국 복어 독에 의한 사건으로 판명나 금지령을 해제한 해프닝도 있었다.

세종 6년1424년에는 '사위가 장인이 먹는 국에 복어 독을 탔다고… 사위는 잡혀 곤장을 맞고 자초지종을 실토했으나 옥사했고 사위의 이 일을 돕거나 알고도 모른 척한 딸과 후처는 능지처참으로 사형당했다.'는 기록도 나온다. 복어 독을 이용한 살인 사건이었던 셈이다.

우리나라에선 먹을 것이 풍족하지 않던 1960~1970년대에 복어를 요리하고 버린 내장이나 알 등을 서민들이 모르고 주워다 요리해 먹고 죽는 사고가 심심치 않게 발생하기도 했다. 심지어 장례식장에서 조문객이 복어를 대접받고 즉사하는 안타까운 일도 있었다. 이처럼 맹독을 가진 복어임에도 그 맛을 쉽게 포기할 수는 없었는지《홍길동전》의 허균은 좋은 술안주로 게 요리와 함께 봄철 복어를 꼽기도 했다. 일본에서도 복어는 인기가 많아 복어 독이 무서워 복어를 먹지 않는 바보들에겐 후지산을 보여주지 말라는 말도 있을 정도다.

복어는 닭고기와 생선의 중간
쯤 되는 맛으로 담백하고 쫄깃
해 동아시아에서 오랫동안 최
고의 별미로 꼽혔던 음식으로
이 지역 사람들은 복어의 위험
성에도 다양한 방법으로 복어
요리를 해 먹었다. 특히 콩나물

복어

및 무 등과 함께 우려낸 맑은 육수에 생미나리를 듬뿍 얹어 먹는 복지리
는 숙취 해소 음식으로도 꾸준히 사랑받는 음식이다. 지방이 적고 단백
질이 풍부한 복어는 미식가들을 중심으로 마니아층을 형성할 정도로 인
기가 높은 음식이지만, 치명적인 독을 갖고 있어 복어조리기능사 자격
증이 있어야만 판매할 수 있는 음식이기도 하다.

　복어는 몸집에 비해 작은 지느러미 탓에 빠르게 헤엄칠 수 없다. 대신
복어는 적의 위협으로부터 자신을 보호하기 위한 두 가지 무기를 갖고 있
다. 하나는 바로 독성이 청산가리의 10배가 넘는 테트로도톡신Tetrodotoxin
이라는 독이고 다른 하나는 사람이 볼에 바람을 넣듯 배를 크게 부풀릴
수 있다는 점이다. 먼저 테트로도톡신은 신경독소의 일종으로 복어목 어
류의 간이나 난소 등 생식 장기에서 주로 발견된다. 복어 자체에서 생성
되는 것이 아니라 복어가 감염되거나 복어와 공생하는 몇몇 박테리아에
의해 생성되는 것으로 알려져 있다. 해독제도 없는 맹독성으로 중독되
면 치사율이 40~80%에 이른다.

　그렇다고 전 세계적으로 120~130종에 달하는 모든 복어가 독을 갖
고 있는 것은 아니다. 또 독성의 강도에도 차이가 있어 황복, 자주복, 까
치복, 검복은 독성이 강하고 밀복, 가시복, 거북복의 독성은 약하다. 아

이러니한 것은 독이 강한 복어일수록 맛이 좋아 사람들이 즐겨 찾는다는 점이다. 독이 없는 복어 중 독특한 겉모습을 가진 것으로는 가시복어가 있다. 가시복어는 독이라는 방어 수단 대신 날카로운 가시를 갖고 있다. 포식자들에게 쫓기는 긴급한 상황이 되면 다른 복어들과 마찬가지로 몸을 부풀리는 동시에 평상시엔 옆으로 누워 있던 긴 가시들을 외부를 향해 빳빳하게 세운다.

그렇다면 복어는 어떻게 몸을 둥글게 부풀릴 수 있을까. 복어는 위협을 느끼는 상황에서 물이나 공기를 잔뜩 흡입해 본래 몸 크기의 3~4배까지 몸을 부풀릴 수 있다. 위장 하단의 확장낭이라는 신축성 있는 주머니에 물이나 공기를 채우는 것이다. 물속에선 14초에 약 35번 정도 흡입해 몸을 가득 부풀릴 수 있다고 한다. 물이나 공기를 가득 채운 후엔 식도의 근육을 축소시켜 물이 빠져나가지 않도록 한다. 비정상적인 몸의 팽창에도 몸이 터지지 않는 것은 피부의 진피층에 탄력성과 신축성을 유지해 주는 콜라겐 섬유가 많이 있기 때문이다.

복어가 원래 몸무게의 두 배 이상의 물을 머금은 상태에서 호흡은 정상적으로 할 수 있을까. 숨을 참는 걸까. 이를 위해 호주의 과학자들은 한 가지 실험을 진행했다. 과학자들은 8마리의 복어를 수조에 넣은 다음 복어에 극심한 스트레스를 줌으로써 몸을 부풀어 오르게 만들었다. 그 후 수조 속 용존 산소량 변화를 확인했다. 그 결과 오히려 몸을 부풀리기 전보다 복어의 산소 소비량은 2~3배나 더 많아졌다. 몸이 팽창한 상태에서는 아가미로 더 많이 호흡했던 것이다. 아울러 복어가 공모양의 잔뜩 부풀려진 모습에서의 과잉 호흡에서 본래 호흡으로 돌아가는 데는 5시간 36분이 걸렸다고 한다. 복어는 언제든지 자신들이 원할 때마다 몸을 부풀려 상대에게 위협적으로 보일 수 있을까. 이에 대해 미국 하버드대 연구진은 복어가 3~8번 연속 몸을 부풀릴 수는 있지만 그 이후엔 아무리 위협을 가해도 반응이 없다는 실험 결과를 발표하기도 했다.

23. 대나무는 왜 나이테가 없을까?

지조의 상징 대나무

대나무숲(출처 : 농촌진흥청)

"나무도 아닌 것이 풀도 아닌 것이 곧기는 누가 시켰으며 속은 어찌 비었는가 저렇게 사철에 푸르니 그를 좋아하노라"

조선시대 시조시인 윤선도의 유명한 연시조 〈오우가〉 중 제5수다. 윤선도는 이 시조에서 물, 바위, 소나무, 대나무, 달을 다섯 친구로 예찬한다. 그 중 제5수는 늘 푸른 대나무의 절개를 찬양한다. 4군자인 매란국

죽梅蘭菊竹에서 겨울에 해당하는 대나무는 예로부터 지조와 절개를 상징하는 식물로 선비들의 오랜 친구였다.

《삼국사기》에 보면 신라에 대나무를 뜻하는 죽죽竹竹이라는 이름을 가진 장수가 있었다. 신라와 백제 간 대야성 지금의 경남 합천을 두고 벌어진 전투인 대야성 전투642년 당시 정세가 매우 불리해지자 주변에서 항복을 권유했는데 그는 다음과 같은 명언을 남기고 끝까지 결사항전한다. "그대의 말이 마땅하다. 하지만 아버지가 나를 죽죽이라고 이름지은 것은, 차가운 날씨에도 시들지 말며 꺾일지언정 굽히지 말라는 뜻이다. 어찌 죽음이 두려워 살아 항복하겠는가?"

이처럼 선비의 지조와 절개를 상징하며 오랫동안 사랑받아 온 대나무는 여론조사를 하면 '한국인이 좋아하는 나무'로도 꼽힐 정도로 우리에겐 친근한 존재지만, 윤선도의 시조에서처럼 나무라 하기도 풀이라 하기도 애매한 식물이다. 게다가 이름에 '나무'까지 들어 있어 나무로 착각하기가 쉽지만 정확히 말하면 나무가 아닌 풀이다.

식물학적으로 따져보면 풀과 나무의 결정적인 차이는 지상 부분이 얼마나 사느냐이다. 나무는 수십 년 혹은 수백 년 살면서 해마다 꽃을 피우지만 풀은 대부분 1년 또는 2년 이내에 지상 부분이 말라 죽는다. 대나무는 수십 년이 지나도 지상 부분이 남아 있고 줄기도 목질화돼 있어 단단해 나무처럼 보인다. 하지만 대나무는 형성층이 없어 매년 부피 생장을 하지 않기 때문에 나이테가 없다. 그런 이유로 속도 텅 비어 있다. 즉 벼과 대나무아과에 속하는 여러 해 살이 식물의 총칭인 대나무는 전형적인 나무와 달리 부피 생장을 하지 않고 풀과 같이 길이 생장만 한다.

대나무와 나이테

대나무와 달리 나무를 가로로 자르면 둥근 띠 모양의 무늬가 나타난다. 우리가 나이테annual ring로 부르는 이것을 통해 우리는 나무의 나이를 알 수 있다. 주로 1년에 하나씩만 나이테가

대나무의 단면(출처 : 국립무형유산)

생기기 때문인데 나이테는 왜 생기는 걸까.

간단히 말하면 나이테는 계절이 반복되기 때문에 생긴다. 나무가 풀과 다른 점 중 하나는 형성층이 있어 부피생장을 한다는 것이다. 형성층에서 세포분열이 일어나는데 계절에 따라 세포분열의 속도가 다르기 때문에 나이테가 생긴다.

봄과 여름은 가을과 겨울에 비해 일조량이 길고 수분 확보도 쉬워 광합성을 하기 좋은 환경이 된다. 그 결과 세포분열이 활발해 부피생장도 빠르게 이뤄진다. 이로 인해 상대적으로 세포는 커지고 세포벽은 얇아진다. 봄과 여름에 자란 나무의 세포벽은 연한 색깔을 갖고 있다. 반면 가을과 겨울은 광합성에 안 좋은 환경이 돼 세포분열의 속도가 더뎌 세포가 작고 세포벽의 크기가 두꺼워진다. 봄여름과 달리 색깔은 진하다. 이처럼 연한 조직과 짙은 조직이 번갈아가며 만들어지므로 동심원 모양의 나이테를 갖게 된다. 결국 밝고 면적이 넓은 동심원춘재과 어둡고 좁은 동심원추재이 주기적으로 나타나므로 어둡고 좁은 동심원의 개수만 세면 나무의 나이를 알 수 있다.

대나무꽃(출처 : 국립산림과학원)

그렇다면 모든 나무가 나이테를 갖고 있을까. 그렇지 않다. 우리나라처럼 4계절이 두드러지는 온대 기후 지역의 나무들은 주로 나이테가 뚜렷한 반면 계절의 변화가 뚜렷하지 않은 열대 지방에서는 나이테가 없는 나무들이 많다. 또 이상기온 현상이 발생할 경우엔 나이테가 1년에 2개 이상이 생기기도 한다.

대나무와 관련해 사람들이 많이 하는 또 다른 오해 중 하나는 대나무가 꽃을 피우면 대나무밭의 모든 다른 대나무들까지 한꺼번에 죽게 하는 '개화병開花病'을 갖고 있다는 것이다. 결론부터 말하자면 사실 이것은 병이 아니다. 대나무를 나무로 생각하기 때문에 생기는 일종의 오류 같은 것이다. 풀은 씨앗 또는 줄기에서 싹이 트고 잎과 줄기를 내고 꽃을 피우고 열매를 맺으면 씨앗을 퍼뜨리고 말라 죽는다.

이런 과정이 1~2년 새 일어난다. 하지만 대나무는 땅속줄기 마디에서 어린순인 죽순을 내고 며칠 새 10~20m 높이로 자라고 더 이상은 자라지 않는다. 그 상태로 계절과 무관하게 수십 년을 산다. 일반적인 나무는 가지 끝에 겨울눈이 있어 해마다 성장을 거듭하지만 대나무는 겨울눈이 없어 한 번 자란 이후론 더 이상 자라지도 않는다. 그저 오랫동안 말라 죽지 않고 사는 풀일 뿐이다.

모든 식물은 자신의 생존에 유리하도록 DNA 깊숙이 꽃 피는 시기를 결정하는 개화 시계가 작동하는데, 품종에 따라 다르지만 대나무는 보통 60~120년에 한 번 꽃을 피운다. 2020년 10월 경상남도 의령군과 강원도 강릉시에서 5일 간격으로 대나무꽃이 한꺼번에 피어 화제가 되기도 했을 정도로 대나무꽃은 보기가 힘들다. 좀체 꽃이 피지 않지만 한 번 필 경우엔 온 대나무밭에서 꽃이 일제히 핀다.

이는 사실 대나무가 땅 속에서 뿌리줄기를 통해 연결된 하나의 거대한 군집이기 때문에 그렇다. 뿌리줄기가 옆으로 계속 퍼지면서 죽순을 틔워 울창한 대나무숲을 이루기 때문에 겉으로 여러 본처럼 보여도 사실은 한 본이다. 그러다 꽃이 지고 열매를 떨어뜨리고 한날한시에 죽는다. 사람들은 이런 이유로 대나무에 꽃이 피면 죽는다고 생각해 개화병이라는 이름을 붙였다. 그러나 꽃이 펴 꽃 때문에 죽는 게 아니다. 원래 풀은 꽃을 피우고 씨를 뿌린 후 죽는다. 그게 당연한 자연의 이치. 다만 대나무는 개화 주기가 다른 풀들에 비해 매우 길기 때문에, 사람들이 평생 한번 볼까 말까한 꽃이 피고 나서 곧바로 죽는 대나무를 보고 꽃이 병을 일으켰다고 착각해 개화병이라고 이름붙였을 뿐이다.

24. 전기뱀장어는 어떻게 발전할까?

독일 자연과학자 폰 훔볼트와 전기뱀장어

'학술 탐험의 선구자'로 불리는 독일의 자연과학자이자 지리학자 알렉산더 폰 훔볼트Alexander von Humboldt는 부유한 가정에서 태어나 공무원으로 살던 중 부모가 모두 죽자 막대한 유산을 바탕으로 탐험에 나선다. 훔볼트는 서른 살이던 1799년 프랑스 식물학자 에메 봉플랑과 신대륙으로 탐사 여행을 떠났고 베네수엘라, 콜롬비아, 멕시코 등 중남미 지역을 5년

독일 자연과학자 폰 훔볼트

간 탐험하며 수많은 동식물 견본을 채집하고 지질 측량 및 대기 측정을 했다. 훔볼트는 이 기간 동안 유럽의 학자들에게 수많은 편지를 보냈고 그들은 훔볼트를 대신해 편지 내용을 요약해 신문이나 학술지에 발표했다. 1804년 유럽에 돌아왔을 때 이미 훔볼트는 명사였다.

훔볼트의 5년 간의 중남미 탐험 중 가장 흥미로운 체험은 단연 전기뱀장어와 말의 혈투 장면을 목격한 것이었다. 훔볼트는 이때의 경

험을 1807년 한 학술지에 발표했다. 당시의 목격담은 이렇다. 1800년 3월 19일 아마존강 주민들에게 연구에 사용할 전기뱀장어를 잡아줄 것을 부탁했다. 주민들은 말을 미끼로 삼은 뱀장어 잡기를 보여줬다. 건기에 물이 줄어 생긴 얕은 웅덩이에 말 약 30마리를 몰아넣었다. 주민들은 웅덩이를 둘러싸고 소리를 지르고 채찍질을 해 말들이 웅덩이 밖으로 못 나오게 했다. 말이 계속 웅덩이 안에서 돌아다니자 흥분한 전기뱀장어들이 뛰어올라 말을 공격해 감전시킨다. 놀란 말들은 더욱 날뛰고 뱀장어들의 공격도 심해졌다. 약 5분 뒤 말 2마리가 감전해 쓰러졌고 다른 말들도 곧 따라 쓰러졌다. 이 과정에서 뱀장어 역시 방전으로 탈진한다. 그러면 기다리던 사람들이 조심조심 뱀장어를 거둬들인다.

하지만 전문가들은 훔볼트의 이 경험을 헛소리라고 폄하하며 믿어 주지 않았다. 훔볼트의 발표 이후 비슷한 사례가 보고된 논문도 전혀 없었다. 결국 지난 200여 년 간 훔볼트의 이 소중한 경험은 허구의 이야기로 치부됐다. 하지만 2016년 6월 《미국국립과학원회보PNAS》에는 216년 전 훔볼트의 목격담이 거짓이 아님을 입증한 논문이 게재됐다. 미국 반더빌트 대학교 생명과학과 케네스 카타냐 교수는 악어의 머리처럼 생긴 전도체를 전기뱀장어가 있는 수조에 반쯤 담갔다. 그러자 전기뱀장어는 가짜 악어를 향해 힘차게 뛰어올랐고 전기를 내뿜었다. 그 결과 악어 머리 곳곳에 고정한 발광다이오드LED 전등에 불이 들어왔다.

전기를 생산하는 전기어들

자체적으로 전기를 생산하는 물고기인 전기어魚에는 전기뱀장어, 전기메기, 전기가오리 등이 있다. 이 중 가장 강력한 전기를 생산하는 물고기는 단연 전기뱀장어로 최대 전압 약 800볼트V, 전류 1암페어A의 전기를

전기뱀장어

방출한다. 전기뱀장어는 이름이나 겉모습과 달리 뱀장어목 뱀장어과가 아니며 잉어목 전기뱀장어과다. 성어가 되면 약 2m 내외까지 자라는 전기뱀장어는 주로 남아메리카의 아마존강이나 오리노코강 유역에 산다.

과거 유튜브에 공개된 전기뱀장어와 악어의 사투가 담긴 동영상은 전기뱀장어의 위력을 새삼 환기시키며 화제를 모았다. 악어의 강력한 이빨에 물려 죽을힘을 다해 몸부림치던 전기뱀장어가 마침내 전기를 일으키자 상황은 단숨에 역전됐다. 악어가 순식간에 사지가 마비되며 녹다운 되면서 전기뱀장어는 짜릿한 KO승을 거둔 것이다.

그렇다면 전기뱀장어는 어떻게 이토록 강력한 전기를 발생할 수 있을까. 전기뱀장어는 몸의 4분의 3을 차지하는 꼬리 부분에 전기 생산 근육 시스템을 갖고 있다. 수영에 사용되는 근육 아래에 양쪽으로 세 쌍의 발전기관이 있다. 각 발전기관은 근육세포가 변해 만들어진 전기 생산 신경세포 전극판 몇 천 개가 일정한 간격을 두고 직렬로 배열돼 있다. 두 쌍은 수백 볼트에 이르는 강한 전기를 한 쌍은 10볼트 가량의 약한 전기를 생산한다.

전기생산 뉴런의 양끝에는 나트륨과 칼륨의 이온 채널이 있고 뉴런이 신호 자극을 받으면 이 채널들이 열리거나 닫히며 안팎의 이온 농도 차를 만들어낸다. 이때 양극과 음극이 형성되면서 전류가 생기고 양극과 음극 간 에너지 차이인 전위차 즉 전압이 된다. 전기뱀장어는 두꺼운 피하 지방층이 전기세포를 감싸는 절연체의 역할을 함으로써 스스로 감전되는 것을 방지한다.

전기뱀장어가 무한한 전기를 계속 생산할 수 있는 것은 아니다. 한 번 고압의 전기를 뿜어내려면 엄청난 체력이 소진되고 자주 쓸수록 전압은 크게 낮아지기 때문에 전기뱀장어는 자신이 크게 위협을 받을 때만 큰 전력의 전기를 발산한다. 평소엔 먹이를 잡을 수 있을 만큼의 소량의 전기만 생산한다. 이런 점을 이용해 실제 아마존에서 전기뱀장어를 잡을 때는 돌이나 나무판으로 전기뱀장어에 위협을 가해 몸속의 전기를 소진한 이후 잡는다고 한다.

2017년 미국 연구진은 전기뱀장어의 전기 생산 원리를 모방해 서로 다른 농도의 소금물NaCl을 교대로 배치하는 방식으로 배터리 없이 전기를 생산할 수 있는 발전發電 패드를 만들었다. 우리나라에서도 박정열서강대·최은표전남대 교수 연구팀이 같은 해 수천 개 이상의 전기 발생 세포가 직렬 연결돼 필요 시 이온 농도 차에 의한 이온 이동을 통해 높은 전압을 발생시킬 수 있는, 전기뱀장어의 발전 원리와 구조를 모사한 마이크로 크기의 고전압 에너지 발생기를 개발했다. 이처럼 국내외에서 전기뱀장어 발전에 대한 응용 연구는 활발히 진행 중이다.

25. '귀요미 초록 식물' 마리모가 물 위로 뜨는 이유는?

아칸 호수의 마리모 전설

옛날 옛적에 일본 홋카이도 아칸 호수 부근에 어떤 한 부족이 살았다. 그런데 그 부족장의 딸과 평민 신분의 한 용사가 사랑에 빠지고 말았다. 신분을 뛰어넘는 사랑은 당연히 받아들여질 수 없는 일이었

아칸 호수의 마리모

다. 결국 그들은 모든 부와 명예를 포기하고 오직 사랑만을 지키기 위해 마을을 몰래 떠나게 된다. 고난과 역경을 이겨 내고 마침내 행복한 사랑을 지켜낼 수 있었던 이 커플은 평생 행복하게 살다 죽어서는 마리모가 돼 아칸 호수에서 영원한 사랑을 나눴다.

이런 전설이 내려오다 보니 일본에서는 젊은 커플들 사이에 서로의 고난과 역경을 헤쳐 내고 영원한 사랑을 약속하자는 의미에서 이 마리모를 주고받는다고 한다. 또는 어려움을 이겨내고 소망을 이루라는 의미의 상징물로서 이 마리모를 선물하기도 한다. 1인 가구의 급속한 증가에 따라 반려식물로서 마리모 키우기가 인기다. 특히 코로나19로 인한 사회적 거리두기로 집에 머무는 시간이 늘다 보니 신비스러운 초록 생물 마리모가 더욱 각광받고 있다. 마리모毬藻·まりも는 공 모양의 집합체를 이루는 담수성 녹조류의 일종이다. 포슬포슬 실뭉치같이 생긴 마리모를 처음 보면 이끼류인지 동물인지 헷갈릴 수도 있다.

일본 홋카이도 아칸 호수의 명물로 세계적으로 희귀한 시오크사과에 속하는 담수조류다. 1897년 이 지역 주민들이 처음 발견해 둥근 생김새를 보고 '해조구海藻球'라는 뜻의 '마리모'라는 이름을 지어 줬다. 일본은 마리모를 1921년 자연보호물로서 지정한 데 이어 1952년에는 특별천연기념물로까지 지정해 보호하고 있다.

마리모는 실처럼 가는 섬유 하나하나가 한 개체로 1년에 지름이 약 5~10mm정도 자라며 평균 수명이 150년 안팎으로 알려져 있다. 파래처럼 작고 둥근 녹조류인 마리모가 야구공 크기로 자라려면 약 150년이 걸린다고 한다. 실모양의 구조물인 사상체絲狀體가 성장하다가 나무의 가지처럼 어느 정도 나뉘어지면 그 나뉜 부분이 끊긴다. 이렇게 스스로 분열과 성장을 반복하며 번식을 한다.

마리모가 물에 뜨는 이유

특히 마리모가 사람들의 사랑을 받는 이유는 가끔 수면 위로 올라오는 행동 때문이다. 일본에서는 마리모가 기분이 좋을 때 수면 위로 두둥실 떠오른다고 생각해 그 모습이 행운을 가져온다고 믿는다. 물론 마리모는 녹조류로 뇌가 없으므로 감정도 없다.

마리모가 어떻게 물 위로 올라오는 걸까. 사람들은 아침이면 수면 위로 떠올랐다가 저녁이 되면 호수 바닥으로 다시 가라앉는 마리모를 신기해하면서 이 현상의 원인을 광합성 때문일 것이라고 단순히 추측했다.

정확한 원리 규명을 위해 2018년 영국 브리스톨 대학교 연구팀이 나섰다. 연구팀은 광합성으로 생긴 산소 기포들이 마리모의 실처럼 가느다란 몸 안에 갇히고 그 부력으로 떠오른다고 생각했다. 이 가설을 증명하기 위해 실험실에서 마리모를 키웠다. 한 그룹은 광합성을 방해하는 화학물질로 마리모를 코팅했고, 다른 그룹은 화학 처리를 하지 않음으로써 마리모가 정상적으로 광합성을 할 수 있게 했다. 실험 결과는 예상대로였다. 화학물질로 코팅 처리한 마리모들은 광합성을 하지 못해 떠오르지 않았다. 반면 아무런 조작을 하지 않은 자연 그대로의 마리모들은 물 위로 떠올랐다.

연구팀은 이번엔 마리모가 아침에 떠오르고 저녁에 가라앉는 이유를 알아내기 위해 마리모에게 생체리듬 같은 게 있는지도 확인했다. 연구팀은 마리모를 희미한 빛 아래에 며칠 동안 두면서 매일 다른 시간에 마리모에 빛을 비춰줬다. 마리모는 정상적인 일출 시간에 빛을 비춰 줬을 때 일출 시간이 아닌 다른 시간에 빛을 쐬어 줬을 때보다 더 빨리 표면으로 떠올랐다. 이로써 마리모가 일주기 리듬circadian rhythm을 갖고 있다는 사실을 증명했다. 마리모가 일출 시간에 광합성 작용을 더욱 활발히 하며 산소 기포를 더 많이 생산했기 때문에 일출 시간에 더 빠르게

물에 뜨는 마리모
(출처 : Dora Cano-Ramirez
and Ashutosh Sharma)

떠오른 것이다. 낮에 활동하고 밤에 잠드는 약 24시간 주기의 일주기 리듬을 갖고 있는 인간의 신체처럼 마리모도 이 같은 종류의 리듬을 갖고 있다는 것이 실험을 통해 입증된 것이다.

아칸 호수에서는 매년 마리모 축제도 열린다. 축제 기간엔 횃불 행진, 불꽃놀이, 학술 대회, 전통 춤 및 민속 공연 등 다양한 행사가 마련된다. 축제 마지막 날에는 홋카이도 원주민인 아이누족 중 가장 나이 많은 사람이 아칸 호수로 카누를 타고 들어가 경건한 자세로 마리모를 하나씩 호수 속에 넣어 주는 것으로 행사를 마무리짓는다.

26. 반딧불이의 특별한 결혼 선물

반딧불이로 밝힌 밤

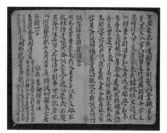

이한의 《몽구》

중국 당나라 이한李翰이 쓴 아동용 문자 교육 교재인《몽구蒙求》에는 다음과 같은 얘기가 전한다. 춘추전국 시대 진晉나라의 차윤이라는 사람은 가난해 기름 살 돈이 없었다. 어려서부터 독서를 무척이나 좋아했지만 등불을 켤 수 없었던 탓에 밤에는 책을 읽지 못했다. 그러던 중 차윤은 어느 여름밤 길을 걷다가 인기척에 놀라 사방으로 흩어지는 반딧불이를 보고 아이디어를 얻었다. "맞아 빛을 내는 저들을 모을 수만 있으면 밤에도 책을 읽을 수 있겠구나." 차윤은 여름이면 수십 마리의 반딧불이를 주머니에 담아 그 빛으로 밤을 새워가며 공부한 끝에 이부상서라는 높은 자리까지 올랐다.

같은 시대 사람 손강 역시 가난해 기름을 살 수 없었다. 가난해 한겨울에도 등불을 밝힐 수 없었던 손강은 흰 눈에 반사되는 달빛으로 책을 읽었고 결국 어사대부라는 높은 벼슬에 올랐다. 이 고사에서 비롯돼 가난을 이겨내며 반딧불과 눈빛으로 글을 읽어가며 고생 속에서 공부해 이룬 공을 일컫는 '형설지공螢雪之功'이라는 말이 나오게 됐다. 전국적인 체인망을 갖춘 한 서점도 이 고사성어에서 착안해 서점의 이름을 바꾸기도 했다.

반딧불이와 관련된 전설 속 가슴 아픈 사랑 이야기도 전한다. 조선시대 한양 근처의 한 마을에 이 씨 성을 가진 양반 가문의 큰 부자가 살았다. 이 집엔 숙경이라는 딸이 있었는데 용모가 눈부실 정도로 아름다웠다. 어느 봄날 숙경 낭자가 초당에서 책을 읽고 있던 중 같은 마을에 살던 순봉이라는 청년이 지나가다 우연히 그 모습을 봤다. 순봉은 첫눈에 사랑에 빠졌지만 신분도 천하고 가난한 자신이 감히 넘볼 수 없는 상대라 하루하루 애만 태우다 병이 들었다. 상사병이 깊어져 결국 세상을 떠나기 직전 순봉은 자신의 어머니에게 마지막 한 마디를 남기고 눈을 감았다.

"어머니, 저는 죽어서 낮이나 밤이나 날 수 있는 것이 돼, 초당 근처에서 낭자를 계속 지켜보고 싶어요." 순봉은 자신의 소원대로 죽어서 반딧불이가 됐다. 반딧불이가 된 순봉은 눈치 보지 않고 초당을 날아다니며 숙경 낭자를 볼 수 있었다. 이런 사실을 전혀 알 리가 없는 숙경 낭자는 해마다 여름이 오면 반딧불이를 잡아 주머니에 담아 침실에 놓아두고 바라봤다고 한다. 반딧불이는 순봉의 영혼이 깃들어 있기에 그 빛이 황록색을 띠고 차가운 것이라고 한다.

'개똥벌레', '형설지공'으로 잘 알려진 반딧불이하면 흔히 시골의 여름밤을 밝히는 낭만적인 모습이 먼저 떠오른다. 반딧불이가 다른 곤충들과 차별화되는 가장 큰 특징이 발광임에는 틀림없다. 하지만 반딧불이의 특별함은 여기서 그치지 않는다. 반딧불이의 짝짓기 과정은 어떤 면에선 신비롭기까지하다.

반딧불이 수컷이 짝짓기 시 암컷을 유혹하는 방법은 크게 두 가지다. 하나는 빛이고 또 다른 하나는 선물이다. 반딧불이 수컷은 먼저 자신이 마음에 드는 암컷을 향해 빛을 보낸다. 이는 일종의 세레나데다. 암컷은 수컷의 발광 지속 시간과 패턴에 따라 그의 매력도를 판단한다. 판단 결과 수컷의 사랑을 받아들이기로 결정한다면 암컷은 수락의 의미로 짧게 빛을 깜빡인다. 구애에 성공한 수컷은 암컷과 짝짓기 하는 동안 암컷의 몸으로 선물 보따리를 넣어준다. 그것은 정포 정자 꾸러미다. 여기엔 정자와 함께 암컷을 위한 영양분도 함께 들어 있다. 암컷은 수컷의 구애를 일단 받아들인 이후 수컷이 신체 접촉을 해 오기 시작하면 그때부터는 수컷의 정포 크기에 반응한다. 더 큰 정포를 가진 수컷이 짝짓기에 유리한 것이다.

이번에는 반딧불이가 빛을 내는 이유와 원리에 대해 간단히 살펴보자. 우선 수많은 반딧불이 중에 우리나라에도 서식하는 종류 중 하나인 애반딧불이 Luciola lateralis의 발광기는 암컷은 복부 제6마디에 1개, 수컷은 6~7마디에 각각 1개씩 총 2개가 있다. 반딧불이가 빛을 내는 이유는 크게 봐서 앞서 말한 짝짓기의 목적 외에도 포식자에게 보내는 경고의 의미도 있다. 이 밖에 빛을 통해 어둠 속에서 길을 찾고 먹이를 발견하며 동료들과 위험 정보 등을 공유하기도 한다.

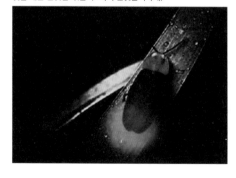

빛을 내는 반딧불이(출처 : 무주반딧불이축제)

반딧불이는 몸속에 있는 루시페린 luciferin이라는 발광 색소와 루시페라제 luciferase라는 효소를 통해 빛을 낸다. 몸 안의 루시페라제가 루시페린을 활성화시키고 이 활성화된 루시페린이 몸속에 들어온 산소와 만나면 산화돼 빛을 낸다. 반딧불이 불빛은 순봉의 전설에서처럼 촛불이나 전구가 내는 빛과는 달리 차가운 빛이다. 열 손실이 거의 없는 매우 효율적인 빛에너지다. 백열전구는 전기에너지의 10% 정도만 빛으로 전환되고 나머지는 열로 빠져나가는 비효율적 구조다. 백열등을 켠 상태에서 백열등을 만져보면 등이 뜨거운 것은 그 때문이다.

하지만 반딧불이의 에너지 전환 효율은 매우 높아 약 90%에 이른다. 이것은 화학적 변화를 겪은 10개의 루시페린 분자마다 9광자를 배출한다는 뜻이다. 그래서 열이 거의 없는 차가운 빛이다. 90%가 가시광선으로 바뀌기 때문에 자외선이나 적외선이 거의 들어 있지 않고, 화학작용에 의해 만들어진 것이라 옅은 노랑 또는 황록색에 가까운 색을 낸다.

반딧불이 한 마리가 내는 빛의 밝기는 약 3럭스lux · 빛의 밝기를 나타내는 단위다. 1럭스는 촛불 1개 정도의 밝기를 나타낸다. 그렇다면 정말 진나라의 차윤처럼 반딧불이를 모아 책을 볼 수 있을까. 일반 사무실이 밝기가 평균 500럭스 정도 된다. 반딧불이 80마리 정도 모으면 페이지 당 20자가 인쇄된 천자문을 볼 수 있을 정도의 밝기가 된다고 한다. 200마리 정도면 신문이나 일반 책정도 크기의 활자도 읽을 수준이 된다.

화려한 빛을 내는 반딧불이는 의외의 잔인한 모습도 갖고 있다. 반딧불이 유충은 주로 다슬기나 달팽이 등의 동물을 먹는다. 얼핏 껍데기가 있어 먹기 힘들 것으로 생각하면 오산이다. 반딧불이 유충은 강력하고 큰 턱을 갖고 있다. 턱으로 먹이를 물면 반딧불이는 강력한 소화 · 마취 효소를 먹이에 넣는다. 효소가 주입된 먹이는 연한 액체 상태가 되고 반딧불이는 그렇게 변한 먹이를 빨아먹는다. 하지만 성충이 된 반딧불이는 입이 퇴화되고 10~15일 간의 수명 동안 이슬만 먹다가 생을 마감한다.

27. 버드나무에서 해열진통제가 탄생했다?

주목의 전설

주목 나무와 열매

"살아 천 년, 죽어 천 년 간다는 태백산 주목이 평생을 그 모양으로 허옇게 눈을 뒤집어 쓰고 서서…"

정희성 시인의 시 〈태백산행〉 중

주목朱木의 수명은 실제 나무 중에서 가장 길어서 어떤 사람들은 1만 2,000년까지도 산다고도 말하는 나무다. 주목은 나무껍질이 붉은 빛을 띠고 속살도 유달리 붉어 주목이라 불린다. 속명屬名 'Taxus'는 그리스어로 활이라는 뜻의 'taxon'에서 왔으며 이는 유럽에서 주목으로 활을 만들어 전쟁에 썼기 때문이라고 한다.

중세 영국의 전설적 영웅 로빈 후드Robin Hood와도 관련이 깊은데 로빈 후드는 죽기 직전 마지막 화살을 쏘며 "이 화살이 떨어진 곳에 나를 묻어 달라."며 부하에게 유언을 남긴다. 그 화살은 주목나무 아래에 떨어졌다. 결국 유언대로 로빈 후드는 주목나무 아래 매장됐다. 이 이야기로 인해 주목의 꽃말은 고상함과 죽음, 비애와 명예 등이라 한다.

주목의 붉고 아름다운 열매는 달지만 잎과 씨엔 독이 있어 주의해야 한다. 셰익스피어 4대 비극 중 하나인 〈햄릿〉에서 햄릿의 삼촌 클로디어스Claudius가 자신의 형인 선왕을 살해하기 위해 선잠이 든 왕의 귀에 작은 병에 든 독약을 붓는데 그 독약이 바로 주목의 씨에서 얻은 것이라고 한다. 반면 주목은 동서양에서 모두 오랫동안 약으로 쓰여 왔다. 한방에서는 잎과 가지를 신장병, 위장

노팅엄의 로빈 후드 조각상

병, 당뇨 치료 등에 쓰고, 민간요법으로는 열매로 설사나 가래를 다스리고 구충약으로 썼다고 한다. 유럽에서도 주목을 민간약으로 사용해 열매는 설사 및 기침약으로 쓰고, 잎은 구충제로 사용했다고 한다. 잎과 씨에 독이 많아 동서양 막론하고 가끔 중독을 일으켰다고 한다.

천연 의약품으로서 주목의 효능

주목에서 추출한 물질은 항암제로도 널리 쓰인다. 미국국립암연구소NCI는 1960년대 초반 수많은 종류의 동물·식물·광물 등 천연물질에서 새로운 항암 물질을 개발하기 위해 연구하던 과정에서 미국 태평양 연안의 산에서 자라는 수령 100년 가량 된 주목의 잎과 껍질에서 택솔taxol이라는 물질을 추출했다. 말기 암환자를 대상으로 실시한 임상 실험에서

택솔 물질이 있는 주목 나무의 껍질

탁월한 항암 효과가 입증되면서 주목받았으며 1993년 미국 식품의약국 FDA에서 항암제로 승인 받았다. 임상실험에서 난소암 · 유방암 · 폐암 · 위암에 탁월한 효과가 있다고 보고됐다. 이 밖에 식도암 · 전립선암 · 결장암 · 방광암 · 뇌종양 등에도 효과가 좋은 것으로 밝혀졌다. 부작용으로는 일시적인 백혈구 감소, 심한 탈모, 말초신경장애 · 근육통 등이 있다.

약藥. 병이나 상처 따위를 고치거나 예방하기 위해 먹거나 바르거나 주사하는 물질을 뜻하는 이 단어를 들으면 어떤 제품이 가장 먼저 떠오르는가. 보통 우리가 흔히 떠올리는 '약'이라고 하면 입으로 먹는 경구용 의약품이나 연고 등으로 주로 약국에서 처방전 없이 간편히 살 수 있는 약들이다. 몇몇 제품들은 편의점에서 더욱 편리하게 이용할 수 있다. 대개는 TV나 신문 등 상업 광고에 반복 노출된 탓에 몇몇 증상에 대한 대표 제품들은 누구나 공식처럼 욀 수 있는 정도일 것이다. 이런 제품들은 보통 일반의약품이다. 일반의약품과 달리 광고도 제한되고 의사의 처방전이 필요한 의약품은 전문의약품이라고 한다. 이 같은 방식은 안전성 등에 따른 약의 구분법이다.

약을 또 다른 형태로 구분하는 방법도 있다. 합성化學 의약품, 바이오 의약품, 천연물 의약품이 바로 그것이다. 이는 성분을 기준으로 경계를 짓는 방법이다. 이 중 천연물 의약품이란 자연계에서 얻어지는 식물, 동물, 광물 등 천연물을 이용한 의약품이다. 주목에서 추출한 항암제 택솔이 바로 이 천연물 의약품이다.

우리는 흔히 체력이 약해지고 기운이 떨어지면 보약이라며 인삼, 홍삼, 녹용 등의 한약재로 한약을 지어 먹는다. 천연물 의약품도 이 한약에 쓰이는 재료들을 근간으로 한다. 다만 한약은 기력을 보강하고 몸의 전체적인 면역력을 강화시키는 데 일차적인 목적이 있다면, 천연물 의약품은 특정 질환에 대한 치료 목적으로 임상을 거쳐 제조된 의약품이라는 점에서 다르다.

·

천연물 의약품은 자연에 존재하는 천연물에서 후보 물질을 추출하는 작업부터 시작한다. 이 작업을 위해선 물질의 물성을 파악하고 그 물질을 잘 녹이는 용매를 설정한 이후 반복된 증류 과정을 거쳐 농축된 추출물을 얻는다. 이 물질을 갖고 임상을 거쳐 천연물 의약품을 만든다. 천연물 의약품이란 간단히 말하면 인삼, 녹차, 마늘에서 각각의 대표적인 약효 성분인 사포닌, 카테킨, 알리신을 추출해 치료 목적으로 만든 의약품인 것이다.

해열·소염 진통제의 보통명사처럼 쓰이는 아스피린은 버드나무 껍질 추출물로 만든 천연물 유래 의약품이다. 중국 토착 식물인 팔각회향으로 만든 인플루엔자독감 치료제인 타미플루도 여기에 해당한다. 다만 천연물 의약품은 비교적 낮은 독성 등의 장점에도 불구하고 약효의 동등성 확보가 어렵다는 한계도 있다. 즉 재배 환경이나 제조방법에 따라 결과물이 달라지고 이에 따라 약효 역시 달라질 수 있다는 얘기다. 이에 업계와 학계에서는 원료 성분의 표준화 작업에 대한 연구가 활발히 진행 중이다.

28. 보이지 않는 미생물의 놀라운 세계

천연두와 페스트

서구 문명이 아메리카 대륙을 점령하는 데 가장 큰 공을 세운 것은 무엇이었을까. 바로 미생물이었다. 미국의 세계적 문화인류학자인 재레드 다이아몬드 Jared Mason Diamond 의 베스트셀러《총·균·쇠》에 따르면 1492년 콜럼버스가 아메리카 대륙에 첫발을 디딘 후 100년도 안 되는 사이 중

크리스토퍼 콜럼버스

서인도 제도에 도착한 콜럼버스 일행

중세 이탈리아에 퍼진 페스트

남미 원주민의 90% 이상이 사망했다고 한다. 아메리카 원주민들에겐 구대륙과 단절된 탓에 중세 유럽을 휩쓸었던 천연두에 대한 내성이 전혀 없었다. 마야·잉카 등 찬란한 문명을 꽃피웠던 중남미 원주민들이 단순히 스페인 등 외부 세력의 총칼에 의해 무너진 것이 아니었다. 이유도 모른 채 전염병에 노출돼 멸망했다.

14세기 중반 유럽에 창궐한 페스트흑사병는 불과 7~8년만에 유럽 인구의 60%를 몰살시켰다. 미생물의 존재를 직접 확인하기 전에도 미생물에 의해 질병이 발생한다고 생각하던 사람들은 있었다. 로마에서는 눈에 보이지 않는 생명체가 질병을 일으키는 것 같다는 추측을 했다. 하지만 미생물의 발생에 대해선 인류는 오랫동안 무지했다. 생명체가 무생물에서 생겨날 수 있다는 자연발생설을 꽤 오래 믿었다. 고대 그리스의 유명한 철학자 아리스토텔레스조차 간단한 무척추 동물은 어미 없이 자연스레 생길 수 있다고 주장하기도 했다. 지금 생각하면 우스꽝스럽기까지 한 이런 생각들은 여러 위대한 과학자들의 노력으로 극복됐다.

미생물과 박테리아

미생물이란 육안으로는 볼 수 없는 매우 작은 생물을 뜻한다. 미생물은 영어로 'microorganism'이다. 여기서 마이크로란 미터법에 의한 길이의 단위인 마이크로미터 μm 를 뜻한다. 1마이크로미터는 100만 분의 1미터다. 그 만큼 작다는 얘기다. 우리가 흔히 들을 수 있는 세균박테리아, 곰팡이, 바이러스 등이 모두 미생물이다. 병원균으로 너무나 잘 알려져 모두 음침하고 부정적인 이미지의 단어 같지만 실은 그렇지 않다.

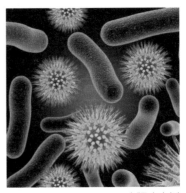

미생물의 이미지

　미생물학의 발전으로 인류는 많은 진보를 이룩해냈다. 미생물은 인류에게 빵, 치즈, 맥주, 와인, 요구르트, 김치, 간장, 된장, 식초 등 다양한 식량을 제공해줬을 뿐 아니라 항생제나 백신을 만들어 수많은 생명을 살렸다. 이 뿐 아니라 미생물은 지구 생태계 순환에 있어서도 없어서는 안 되는 필수 구성원이다. 질소는 단백질과 핵산을 구성하는 핵심 원소로 생명체가 외부에서 반드시 획득해야 하는 원소다. 모든 식물은 공기 중의 질소기체를 직접 이용할 수 없는데 미생물은 대기 중의 질소를 식물이 토양에서 흡수할 수 있는 질소 성분의 영양소로 바꿔주는 역할을 한다. 이처럼 미생물은 인류에게 치명적인 독일 수도 혹은 매력적인 약일 수도 있다.

　미생물은 인류보다 30억 년을 앞서 지구에 태어나 기나긴 세월을 견디며 다양하게 진화해 왔기에 무궁무진한 잠재력이 숨어 있다. 2008년 개봉한 영화 〈인크레더블 헐크〉에서 주인공 브루스 배너 박사는 실험 중 감마선에 노출된 이후 화가 나면 엄청난 힘을 가진 녹색 괴물 '헐크'가 된다. 그렇다면 우리도 다량의 감마선을 쬐게 되면 헐크처럼 변할까?

영화는 영화다. 거의 모든 생명체는 높은 수준의 감마선에 노출될 경우 DNA가 그 높은 에너지를 견디지 못하고 손상을 입어 죽음을 맞이한다. 하지만 이에 적응한 미생물이 있다. 미생물의 생명력은 지구상의 그 어떤 생물 중에서도 단연 뛰어나다.

감마선 얘기를 조금 더 해 보자. 2017년 한국원자력연구원은 이승엽 박사팀이 미생물을 이용해 방사성 세슘을 효과적으로 정화하는 기술을 개발해 이를 한 원전 관련 기업에 이전했다고 밝혔다. 이 기술은 방사능 오염수와 원전 해체 폐기물에 포함된 방사성 세슘을 저렴하고 쉽게 분리·처리할 수 있는 기술이다. 세슘은 강력한 감마선파장이 극히 짧고 에너지가 큰 빛을 내뿜어 후쿠시마 원전 사고 당시 건강에 가장 위협적인 물질로 보고됐다.

일반적으로 세슘은 화학적으로 침전될 수 없다고 알려져 있어 기존에는 흡착제를 이용한 방식을 주로 사용했지만 여러 문제가 야기됐다. 이 박사팀은 땅 속에서 채취한 미생물인 황산염 환원 박테리아 중에서 방사선에 강한 종을 선별해 배양한 뒤 황산이온과 함께 방사능 오염수에 넣었다. 이후 생물학적 황화반응을 거쳐 세슘 이온을 단단한 크리스탈 결정체인 '파우토바이트$CsFe2S3$' 형태로 만들어 침전시켰다. 그 결과 물속 방사성 세슘을 99% 이상 제거하고, 악조건인 해수에서도 최소 96% 이상 세슘을 제거할 수 있었다.

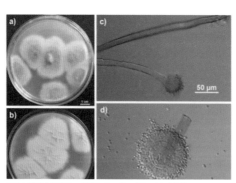

플라스틱을 분해하는 미생물 아스페르길루스 튜빙센시스

이 뿐만이 아니다. 최근 환경오염의 주범으로 꼽히는 폐플라스틱 분해에도 미생물이 활용될 수 있을 전망이다. 2018년 영국 런던 큐 왕립식물원의 보고서에 게재된 연구 결과에 따르면, 파키스탄에서 발견된 곰팡이 '아스페르길루스 튜빙센시스Aspegillus tubingensis'는 플라스틱을 부식시키는 데 채 한 달이 걸리지 않았다고 한다. 이 곰팡이는 자동차 타이어나 합성 가죽 등에 쓰이는 플라스틱인 폴리에스테르와 폴리우레탄을 부식시키는 것으로 알려졌다. 자연 상태에서 플라스틱이 분해되기까지는 종류에 따라 20~600년이 걸리는 만큼 이 곰팡이가 실제 대안이 될 수 있다면, 인류는 폐플라스틱 문제로 인한 시름을 크게 덜 수 있을 전망이다. 또 2010년 역사상 최악의 해양 원유 유출 사고로 기록된 '딥워터 호라이즌호 폭발 사고'를 조사하던 과학자들은 절망에서 한 줄기 빛을 찾아냈다. 그것은 바로 '기름 먹는 박테리아'의 발견이었다.

미생물은 그 수를 헤아릴 수 없을 정도로 많고 다양하며 돌연변이를 통한 환경 적응 능력도 매우 뛰어나다. 문제가 있는 장소에는 그 문제를 해결할 수 있는 미생물이 있을 가능성이 매우 높으며 그 응용가치는 때로 매우 귀중하다. 푸른 곰팡이를 배양해 인류 최초의 항생제인 페니실린를 만든 인간은 이제 의약품뿐만 아니라 각종 환경오염 문제를 해결할 수 있는 대안으로 미생물을 활용하기 시작했다. 《손자병법》은 '적을 알고 나를 알면 백 번 싸워도 위태롭지 않다.'고 했다. 미생물의 유익한 점을 잘 활용하기만 한다면, 미생물은 인류에게 병을 옮기는 위험한 것이 아닌 크나큰 혜택을 가져다 줄 금광이 될 수도 있을 것으로 보인다.

29. 꽃이 피고 지는 현상에 담긴 과학의 원리

그리움의 꽃 상사화

상사화相思花라는 꽃이 있다. 마음에 둔 사람을 몹시 그리워해 생기는 마음의 병인 '상사병相思病'과 같은 한자를 쓴다. 사람들은 꽃이 필 때 잎은 져 없고 잎이 돋아날 때 꽃은 이미 사라진 이 꽃을 가리켜 인간의 상사병에 빗대 상사화라 이름 지었다. 상사화의 꽃말 역시 '이룰 수 없는 사랑'이다. 잎은 봄에 펴 6~7월이 되면 말라 없어지고 이후 60cm 안팎까지 곧게 솟아오르는 꽃줄기 끝에서 꽃은 8~9월에 핀다. 붉은 빛의 상사화가 군락을 이뤄 피면 그맘때의 푸른 가

상사화

을 하늘과 어우러져 등산객들에게 장관을 선사한다. 이런 이유로 이 꽃은 가을의 전령으로 불리기도 한다.

상사화의 잎과 꽃은 왜 이토록 서로를 그리워하면서 만나지 못하는 걸까. 그 이유는 꽃 속에도 정교한 과학의 원리가 숨겨져 있기 때문이다. 모든 식물은 정해진 개화시기를 갖고 있을 뿐만 아니라 때가 되면 꽃잎이 떨어지는 위치를 조절하는 물질까지 지니고 있다. 옛 사람들은 봄에 꽃이 피는 순서를 가리켜 '춘서春序'라고 했다. 지구온난화의 영향으로 요즘은 한꺼번에 동시에 피는 등 일종의 무질서가 발생한다고 하지만 대체적으로 한반도의 봄은 동백과 매화를 시작으로 개나리, 목련, 진달래, 벚꽃, 철쭉을 차례로 피워냈다.

이 때문에 우리는 해마다 봄의 어느 때쯤에 어떤 지역에서 무슨 꽃이 필 것이라 예상을 해 볼 수 있을 정도다. 비단 봄꽃만이 아니라 모든 식물은 자신만의 개화시기를 갖고 있다. 식물들은 인간처럼 달력이나 시계를 갖고 있지도 않은데 어떻게 매년 자신만의 특정한 시기에 꽃을 피울까.

꽃이 피고 지는 원리

그 비밀은 바로 빛에 노출되는 낮의 길이光週期와 기온 등을 인식하는 피토크롬Phytochrome이란 이름의 단백질에 있다. 피토크롬은 두 가지 형태가 있고 서로 가역적으로 전환된다. 한 가지 형태는 파장이 660nm 부근의 붉은 색 광선인 적색광을 흡수하고 또 다른 형태는 가시광선보다 파장이 긴 적외선인 원적색광을 흡수한다. 적색광을 흡수하는 형태를 Pr, 원적색광을 흡수하는 형태를 Pfr이라고 표시한다. Pr이 적색광을 흡수하면 Pfr로 전환되고 Pfr이 원적색광을 흡수하면 Pr로 되돌아간다. 또 빛이 차단되는 암기가 지속되면 Pfr은 원적외선 없이도 Pr로 전환된다.

즉 밤엔 Pfr이 Pr로 전환되고 해가 뜨면 태양광에는 적색광이 원적색광보다 훨씬 많기 때문에 Pr이 즉시 Pfr로 전환되는 식이다. 다시 말하면 해가 뜬 새벽에 갑자기 증가한 Pfr을 통해 식물은 밤이 끝나고 낮이 시작됨을 알게 된다. 이 같은 피토크롬의 주기적인 변화로 식물들은 밤낮 길이의 경과를 측정할 수 있다. 식물은 이렇게 얻은 외부 정보를 내부의 세포들에 신호로써 전달한다. 외부 정보와 자신에게 최적화된 생득적 생체시계 DNA와의 상호작용을 바탕으로 씨의 발아, 개화, 눈의 휴면 여부를 결정하는 것이다. 가령 개나리의 경우 피토크롬 정보를 바탕으로 자신에게 가장 적합한 낮의 길이인 매년 3월 말서울 기준이 되면 개화 DNA를 발현해 때를 놓치지 않고 꽃을 피우게 된다.

단풍이 드는 가을 나무

그렇다면 반대로 꽃잎은 어떤 과정을 거쳐 떨어질까. 생물을 이루는 기본 단위인 세포. 식물 세포는 세포를 보호하기 위해 세포막만 갖는 동물세포와 달리 세포벽이라는 하나의 보호 장치를 더 갖는다. 쉽게 말하면 식물 세포는 동물세포에 비해 외투를 한 벌 더 껴입은 셈이다. 세포벽은 외부로부터 세포를 보호하고 세포의 형태를 유지토록 하는 구조물이다. 세포벽의 역할은 비단 이 같은 구조적인 것에 그치지 않는다. 세포벽은 세포의 운명에도 밀접한 관련이 있다.

같은 식물이어도 장미꽃 줄기와 나무줄기의 표면은 그 거침과 단단함의 정도가 전혀 다르다. 1~2년만 살다 죽을 꽃과 달리 나무는 스스로를 오래 튼튼히 지키기 위해 세포벽이라는 외투를 본인에게 유리하게 디자인해 입은 것이다. 나무는 식물 세포벽에 기계적 강도를 부여하는 리그닌Lignin이라는 세포벽 구성 물질을 더 많이 가짐으로써 외부의 척박한 환경에서 스스로를 지킬 수 있다.

그런데 이 리그닌이라는 물질이 식물 기관이 본체에서 분리되는 탈리현상에도 깊숙이 관여한다는 사실을 2018년 5월 국내 과학자가 밝혀냈다. 곽준명 대구경북과학기술원DGIST 교수와 이유리 기초과학연구원IBS 식물 노화·수명 연구단 연구위원 연구팀은 식물이 발달과 노화 과정 중 리그닌이라는 물질을 만들어 꽃잎이나 나뭇잎이 떨어져야 할 정확한 위치에서 잎을 떨어뜨린다는 사실을 규명했으며 이 연구 성과는 세계 3대 학술지 중 하나인《셀Cell》에 게재됐다.

연구팀은 식물의 탈리가 일어나는 경계에서 이웃하는 두 세포 식물에서 떨어져 나가는 이탈세포, 꽃잎이 떨어지고 식물 본체에 남는 잔존세포 중 이탈세포에서만 리그닌이 형성돼 꽃잎을 식물의 본체로부터 정확한 위치에서 떨어지게 하는 울타리 역할을 수행하는 것을 확인했다. 리그닌은 이웃하는 세포 사이를 분리시키는 세포벽 분해효소가 꽃잎이 탈리되는 경계선 위치에만 밀집되게 하고, 주변 세포들로 퍼지지 않도록 조절하는 역할을 하는 것으로 밝혀졌다. 연구팀은 리그닌이 육각형의 벌집구조를 형성해 기능을 발휘하는 데 최적인 구조를 갖고 있음도 발견했다.

리그닌의 울타리 역할 덕분에 식물은 탈리가 일어나야 할 정확한 위치에서 잎을 분리할 수 있는데 이로 인해 꽃잎이 떨어지고 생긴 단면에 큐

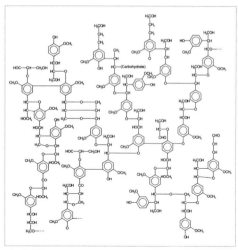

리그닌의 구조도

티클막이 형성된다. 이 큐티클막은 외부 세균의 침입으로부터 식물을 보호해 생존력을 높일 수 있게 해준다. 사람으로 치면 칼로 베인 살의 표면에 딱지가 생기는 것과 마찬가지 이치다. 만약 리그닌이 제대로 형성되지 않는다면 울타리의 경계가 모호해져 세포의 정교한 분리가 일어나지 않는다. 원래대로라면 깔끔하게 떨어져야 할 세포가 식물 본체에 남게 되면 그 부분에 큐티클층이 형성되지 않아 외부의 위험인자로부터 식물의 생존이 위협받게 된다.

30. 식물 발아 시점 조절에 담긴 원리

조선시대의 씨족사회

조선시대 우리나라는 씨족사회였다. 농경을 기반으로 한 씨족공동체 사회는 자연스레 집성촌을 형성했다. 지금은 그 수나 규모가 많이 줄었지만 시골 마을들엔 여전히 집성촌이 곳곳에 남아 있다. 집성촌이란 말의 사전적 의미는 '같은 성姓을 가진 사람이 모여 사는 촌락'이다. 여기서 성이란 동성동본同姓同本을 말한다.

한때 주변의 모함으로 관직에서 쫓겨나 있던 이순신 장군을 서애 류성룡 선생이 찾아갔다. 류 선생은 이 장군에게 19촌 조카인 율곡 이이 선생이 이조판서로 있으니 만나서 부탁을 좀 해 보라고 말했다. 하지만 이순신 장군은 "율곡과 나는 같은 성을 갖고 있으니 만나볼 법도 하지만, 지금 그가 그 자리에 있는 이상은 만날 수 없다."고 단칼에 거절했다. 이순신 장군은 이율곡 선생보다 나이는 9살이 어렸지만 이율곡에게 19촌 아저씨가 됐다. 즉 이 둘의 관계는 족숙질族叔姪 간이었다.

족숙 혹은 족질이란 성과 본이 같은 일가 중에 유복친有服親 안에 들지 않는 아저씨뻘 혹은 조카뻘이 되는 사람을 가리키는 말이다. 여기서 유

▲ 충무공 이순신
▼ 율곡 이이

복친이란 상중에 복제에 따라 상복을 입을 수 있는 가까운 친척을 가리키는 말로 8촌까지를 유복친이라 한다.

전통 복제에 따르면 원래 8촌까지는 상복을 입어야 한다. 요즘은 6촌 정도까지만 겨우 얼굴을 아는 정도 혹은 일생을 통틀어 할아버지대 이상의 집안 행사 때 몇 번 본 정도가 전부인 사람들이 대다수지만 6촌뿐 아니라 8촌도 사실 가까운 사이다.

이율곡의 10대조 할아버지와 이순신의 9대조 할아버지가 같은 한 사람이었기 때문에 둘의 관계는 19촌이 된다. 다시 말하면 이둘은 서로가 19촌이라는 것을 인지하고 있었단 얘기가 된다. 조선시대는 이처럼 가족의 의미가 크게 확대된 부계 씨족사회였다. 이같은 이유로 우리나라는 2005년 3월 31일 이전까지 동성동본의 결혼을 금지했다. 이런 사회는 자연스레 '대를 잇는다.'는 행위가 매우 중요했고 남아선호사상이 판을 칠 수 밖에 없었다.

번식과 개체 유지 본능

통계청 발표에 따르면 우리나라 2020년 합계출산율 여성 한 명이 가임 기간에 낳을 것으로 예상되는 평균 자녀 수는 0.84명이다. 이 같은 현실에 비춰보면 역사책 속 얘기 같지만 불과 30~40년 전만 해도 사람들의 머릿속엔 남아선호사상이 알게 모르게 뿌리박혀 있었다. 부계 씨족사회에선 남자 아이만을 소위 자신의 '씨'를 이을 수 있는 대상이라고 생각할 수밖에 없었다. 자신의 DNA를 혹은 먼 조상대부터 이어져 온 누적된 DNA의 흔적을 지구상에 영원히 남기려는 본능은 비단 사람에게만 해당하는 것은 아니다. 오히려 동물들은 이 분야에서 더 큰 본능을 갖고 있다.

이 같은 현상을 종족 유지 본능 혹은 개체 유지 본능이라고 한다. 우리가 흔히 먹는 바닷물고기인 대구는 종족 보존을 위해 한 번에 약 6,000만 개의 알을 낳는다. 이 같은 막대한 번식능력을 바탕으로 이들은 자신들의 개체를 유지할 수 있다. 동시에 바다 생태계도 유지될 수 있다. 동물뿐 아니라 심지어 식물도 이런 본능을 갖고 있다. 사람을 제외한 나머지 생물들에게 이런 본능은 존재 자체의 목적이 되기도 한다.

북극 노르웨이령 스발바르 제도라는 곳엔 인류 종말을 대비한 창고가 하나 있다. 바로 스발바르 국제종자저장고Svalbard Global Seed Vault다. 2008년 유엔 산하 세계작물다양성재단GCDT이 노르웨이 북부에서 1,000km 떨어진 영구동토층인 노르웨이령 스발바르 섬에 2억 달러를 들여 건립한 이 저장고에는 세계 각국에서 맡긴 약 450만 종의 씨앗이 보관돼 있다. 훗날 지구에 닥칠지도 모를 대재앙을 대비해 후손들의 생존을 생각해 지구상의 거의 모든 종자들을 저장한 곳이다. '최후의 날 저장고Doomsday vault'라고도 불리는 이 저장고는 인류에게 있어 씨앗의 중요성을 새삼 일깨워주는 장소이기도 하다.

종자 저장소 '최후의 날 저장고'(출처 : New Scientist)

이처럼 씨앗을 보존하는 것은 중요하다. 식물학자들은 바로 이 소중한 씨앗들의 생체 메커니즘을 이해함으로써 씨앗들이 오래 살아남을 수 있는 방법에 대한 다양한 연구와 실험을 진행한다. 식물도 동물처럼 겨울 잠을 잔다. 이를 종자 휴면이라 부른다. 각 식물 종별로 최적의 수분, 햇빛, 기온 등 외부 환경이 갖춰졌을 때 비로소 싹을 틔운다. 이를 다른 말로는 발아라고 하며 식물은 발아 전까지 최상의 안전한 상태인 껍질인 채로 존재한다. 이 껍질 안에서 자신의 때를 기다리는 것이다.

식물의 휴면상태를 유지하도록 하는 호르몬 즉 발아 억제 호르몬은 앱시스산abscisic acid이라는 이름의 호르몬이다. 이 호르몬은 배아를 둘러싸고 있는 외부의 배젖에서 만들어진다. 그렇다면 이 호르몬은 어떤 원리에 의해 배아까지 영향을 미칠까. 2015년 POSTECH포항공과대학교 이영숙 교수 연구팀이 이에 대한 흥미로운 연구 결과를 내놨다. 연구팀은 호르몬 작동 원리를 알아내기 위해 모델 식물인 애기장대를 이용해 실험했다. 우선 0.2mm 작은 씨앗의 껍질을 일일이 바늘을 이용해 까 배아와 껍질을 분리했다. 다만 한 쪽의 껍질은 앱시스산이 정상적으로 분비되는 껍질이었고 다른 한 쪽은 앱시스산이 분비되지 않는 돌연변이였다. 그 결과 앱시스산이 분비되는 껍질 위에 올려 놓은 배아는 싹을 틔우지 않은 반면 앱시스산이 나오지 않는 껍질 위의 배아는 싹을 틔웠다.

배젖에서 만들어진 앱시스산을 배아와 배젖의 경계인 세포막에 있는 ABC 수송체라는 단백질이 배아로 이동시켜 종자의 휴면 상태를 유지할 수 있었다. ABC 수송체가 식물의 발아 억제 과정에서 택배기사 역할을 수행한 셈이다. 종자 휴면 유지에 필요한 앱시스산의 수송 원리를 밝혀내면서 이를 종자 품종개량사업에 응용할 수 있는 길도 열렸다. 수확 전의 이삭에서 싹이 트는 이삭발아 같은 현상을 방지할 수 있어 농산물의 생산성은 물론 상품성도 높일 수 있게 된 것이다.

CHAPTER 4

알아 두면 쓸모 있는 천문학 상식

31. 별똥별은 왜 지구로 떨어질까?

영원한 로맨스, 도데의 〈별〉

"천국으로 들어가는 영혼입니다."

19세기 프랑스 소설가 알퐁스 도데Alphonse Daudet의 유명한 단편 〈별〉에서 아가씨의 "저게 뭐야?"라는 물음에 목동은 이렇게 대답하며 성호를 긋는다. 프랑스 남부 프로방스의 뤼브롱산에서 양치기 일을 하는 갓 스무 살의 목동은 사람들과 거의 접촉하지 못하고 산에서 혼자 외롭게 산다. 2주마다 마을 소식과 먹거리 등

프랑스 소설가 알퐁스 도데

을 갖고 올라오는 노라드 아주머니나 농장에서 일하는 꼬마 아이 미아로가 유일한 말동무일 뿐이다. 누가 세례를 받았고 누가 결혼을 했는지 등의 마을 소식들을 들으면서도 목동은 늘 주인집 스테파네트 아가씨의 근황이 궁금하다. 일개 천한 목동이지만 스테파네트 아가씨는 그가 일평생

본 사람 중 가장 아름다운 사람이었기에 티내지 않으며 조심스레 아가씨의 근황을 묻고는 한다.

그러던 어느 일요일 깜짝 놀랄 일이 벌어진다. 스테파네트 아가씨가 직접 자신의 거처를 찾은 것이다. 노라드 아주머니가 휴가를 갔기 때문에 목동은 꿈에도 그리던 스테파네트 아가씨를 그렇게 만난다. 그렇게도 혼자 흠모하던 아가씨를 그렇

도데의 풍차

게 가까이서 본 것이 처음이라 목동은 한없이 기뻤지만 쑥스러워 어쩔 줄 몰라한다. 그러는 걸 아는지 모르는지 아가씨는 여느 부잣집 철부지 딸처럼 천진난만하게 목동의 거처를 구경하고 다니며 이것저것 묻기도 하고 장난도 치며 즐거워한다. 그러다 해가 지기 전에 서둘러 내려갔던 아가씨가 흠뻑 젖은 채 다시 목동 앞에 나타나며 소설은 클라이맥스로 돌진한다. 이미 날이 늦어 아가씨는 어쩔 수 없이 그곳에서 잠을 자고 내려가야 하는 상황. 목동은 아가씨를 위해 모닥불을 피워 주고 음식도 가져다주며 안정을 찾도록 도와주지만 아가씨는 겁에 질려 울먹인다. 목동은 아가씨를 달래고 잠자리를 마련해 주지만 아가씨는 잠이 오지 않

자 다시 모닥불 앞으로 나온다. 한참 말이 없던 둘. 별똥별 하나가 둘의 머리 위를 스쳐 지나가고 그게 뭐냐는 아가씨의 물음을 시작으로 둘은 별과 밤하늘에 대한 이런저런 얘기를 나누며 시간을 보낸다. 그러다 아가씨는 그의 어깨에 기대 잠이 든다. 목동의 설렘은 이루 말할 수 없다. 어깨가 저릴 만도 하지만 목동은 아가씨의 얼굴을 가만히 보며 해가 뜰 때까지 그대로 옆에 있는다. 그때 목동은 아가씨를 지켜보며 이런 생각을 한다. "밤하늘의 가장 밝은 별 하나가 길을 잃고 내려와 내 어깨에 기대어 잠들었다."고.

사춘기 순수 청년 목동의 꿈만 같던 풋풋한 하룻밤 사랑 이야기는 이렇게 끝이 난다. 순수한 목가적 배경에 낭만적 서정을 한가득 담은 이 소설의 배경은 목동의 플라토닉 러브를 더욱 부각시켜 주는 요소다. 특히 제목이기도 한 '별'은 아가씨와 목동의 심리적·물리적 거리를 더욱 가깝게 해 주는 소재로 큰 힘을 발휘해 준다. 반면 신분상의 차이로 이뤄질 수 없는 목동과 아가씨의 사랑은 바라볼 뿐 소유할 수는 없는 별에 투영돼 다소 안타까움을 자아내기도 한다.

별똥별은 왜 떨어질까?

하늘에서 떨어지는 유성(출처 : 미국유성학회)

별똥별을 보며 소원을 빌면 그 소원이 이뤄진다는 말이 있다. 정확하게는 별과 아무런 관련이 없는 이 별똥별이라는 것은 왜 지구로 떨어질까. 유성이라고 일컬어지는 별똥별은 혜성이나 소행성의 흔적이다. 행성으로 성장하지 못한 얼음먼지인 혜성은 긴 타원 궤도를 그리며 태양을 공전한다. 이런 혜성이 태양 주위에 접근하게 되면 얼음과 먼지 등이 태양열로 녹기 시작한다. 녹은 혜성의 찌꺼기들이 태양의 복사 압력과 태양풍의 영향으로 태양 반대쪽으로 밀려나가면서 혜성의 꼬리가 생긴다. 이런 이유로 혜성이 지나가는 궤도에는 혜성에서 나온 많은 물질들이 쌓이게 된다.

지구가 태양을 공전하다가 이 찌꺼기들을 통과하게 되면 그 찌꺼기들이 지구의 중력에 따라 지구 대기권 속으로 빠르게 빨려 들어온다. 대기층의 공기와 마찰하면서 발생하는 열로 이 찌꺼기들이 타면서 빛을 내는데 이를 별똥별이라고 한다. 미처 다 타지 못하고 땅으로 떨어지는 것도 있는데 이는 운석이라고 부른다.

유성우流星雨란 많은 유성이 한꺼번에 떨어지는 모습이 마치 비처럼 보인다고 해서 이름 붙여진 천문 현상이다. 유성우는 매년 일정한 시기에 나타나는데 이는 지구의 공전 궤도와 관련이 있기 때문이다. 유성을 만드는 유성체의 궤도가 지구의 공전 궤도와 겹치거나 가까울 경우 유성우가 생기기 때문이다. 7월 말부터 8월 중순까지 1년 중 별똥별을 가장 많이 볼 수 있는 것도 이 무렵에 지구의 공전 궤도와 겹치는 혜성의 궤도가 많기 때문이다.

지구에서 관측할 수 있는 유성우는 모혜성의 종류에 따라 1년에 총 8개 가량이 있으며 이 중 페르세우스자리 유성우8월, 사자자리 유성우11월, 쌍둥이자리 유성우12월가 3대 유성우로 거론된다. 유성의 궤적을 역으로 추적할 경우 하늘의 한 점으로 모이는데 이를 복사점이라고 한다. 지구의 궤도와 혜성의 궤도가 만나는 지점인 이 복사점이 위치한 별자리 이름으로 유성우의 이름은 결정된다. 페르세우스자리 유성우는 페르세우스자리에서 가장 많은 별똥별이 떨어진다는 의미다.

유성우는 극대 시기에는 1시간에 100개 넘게 떨어지기도 하지만 보통

1시간에 20~30개 정도 떨어진다. 지구 공전 궤도가 혜성이 지나간 궤도에 근접할수록, 혜성이 클수록, 지구와 혜성이 해당 지점을 지난 시점이 가까울수록 유성의 수는 많아진다.

수십 년에 한 번씩 1시간에 1만 개 안팎의 유성우가 떨어지면 장관을 이루기도 하는데 이를 특별히 대유성우라고 한다. 대유성우는 오로라, 개기일식과 더불어 죽기 전에 꼭 봐야 할 3대 천문 현상으로 일컬어진다. 3대 천문 현상 중에서도 대유성우가 가상 보기 어렵다. 역사상 최대 유성우로 기록된 1966년의 사자자리 유성우는 시간당 14만 4,000개의 별똥별을 지구에 선물했다. 이 유성우의 모혜성은 33년 주기의 템펠 Tempel 혜성으로 약 33년 주기로 대유성우가 나타난다.

32. 인류 첫 블랙홀 발견의 일등공신 EHT 그리고 중력파

은하계와 지구, 그리고 블랙홀

우주는 상상력의 크기다. '지구만한'이라는 수식어를 들으면 어떤 생각이 드는가. 어머어마한 크기라 생각할 것이다. 그런데 지구는 고작 태양계를 구성하는 하나의 작은 행성일 뿐이다. 태양계의 중심인 태양만해도 지름이 지구의 109배에 달한다. 이제 시작일 뿐이다. 우주를 이루는

사건지평선망원경으로 관찰한 블랙홀

기본 단위는 태양 같은 별항성이 아니라 수많은 별들이 모여 있는 별들의 집단인 은하다. 은하는 적게는 수천 만 개의 별을 포함하는 왜소은하부터 많게는 100조 개의 별을 가진 거대은하까지 다양하다. 우리 은하에는 태양과 같은 별이 2,000억~4,000억 개가 있다. 우주상에는 이런 은하가 약 1,000억 개 존재한다고 추정된다. 지구는 고사하고 태양계 나아가 우리 은하도 우주 전체에서 보면 작은 점일 뿐이다.

2019년 4월 인류 역사상 최초로 블랙홀의 모습이 공개됐다. 아인슈타인의 일반상대성 이론에서만 존재하던 블랙홀이 실재實在를 증명했다. 도넛 모양의 불덩이에 비단 천문학자뿐만 아니라 전 세계인들이 설레고 들떴다. 우리는 그동안 상상 속의 블랙홀에 관심이 참 많았다. 누구나 쉽게 일상 언어생활에서 '블랙홀'을 이용한 비유적 표현을 쓸 정도로 블랙홀은 이미 언어적으로는 친숙함까지 갖췄다. 매우 강한 중력으로, 모든 물질 중 가장 빠른 속도를 자랑하며 1초에 지구 둘레를 7바퀴 반을 도는 빛마저 빨아들이는 초자연적인 괴력 때문이다.

사건지평선망원경Event Horizon Telescope · 이하 EHT 국제공동연구진의 사상 첫 블랙홀 관측 성공은 인류의 오랜 지적 호기심에 답을 줬다는 점에서 의미가 크다. 태양 질량의 65억 배에 달하는 초거대질량 블랙홀 'M87'은 빛의 속도로 5,500만 년을 달려 우리에게 블랙홀에 대해 계속 맘껏 상상해도 좋다는 신호를 보내왔다. 위대한 발견이 늘 그렇듯 인류 첫 블랙홀 발견도 '소 뒷걸음치다 쥐 잡은 격'의 우연한 성과는 아니었다. 수많은 과학자들의 오랜 기간에 걸친 노력이 있었기에 가능한 일이었다. 2019년 인류가 발견한 처녀자리 은하단의 중심부에 존재하는 거대은하 M87 블랙홀은 지구에서 5,500만 광년 떨어져 있으며 무게는 태양 질량의 65억 배에 달한다.

지구만한 가상 망원경, 사건지평선망원경

이처럼 멀리 떨어져 있는 블랙홀을 관측하기 위해선 가능한 큰 망원경이 필요했다. 망원경이 클수록 천체에서 더 많은 빛을 얻을 수 있기 때문에 분해능해상도이 좋다.

과학자들은 지구에서 만들 수 있는 가장 큰 망원경을 구상해냈다. 지구상에서 가장 큰 망원경은 바로 지구 크기의 망원경일 것이다. 물론 물리적으로 지구만한 크기의 망원경은 불가능하다. '간섭계'라는 시스템을 이용한 새로운 개념의 가상 망원경이 등장한 이유다. 초대질량 블랙홀 관측에 성공한 비결은 전 세계 협력에 기반으로 한 8개의 전파망원경으로 구성한 지구만한 크기의 '사건지평선망원경EHT'이다. EHT는 전 세계에 흩어져 있는 전파망원경을 연결해 지구 크기의 가상 망원경을 만들고 이를 통해 블랙홀의 영상을 포착하려는 국제 협력 프로젝트 이름인 동시에 이 가상

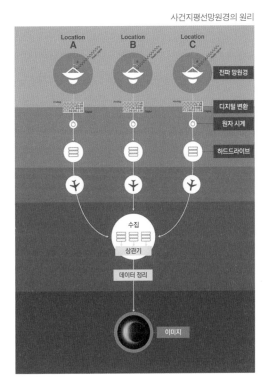

사건지평선망원경의 원리

망원경의 이름이다.

전 세계 20여 기관 200여 명으로 구성된 EHT 국제공동연구진은 인류 최초 블랙홀 관측을 위해 전 세계에 산재한 고성능 전파망원경 8대를 연결해 사실상 지구 크기의 거대한 가상 전파망원경을 만듦으로써 블랙홀 '사건의 지평선'을 관측하는 방법을 고안해냈다. 사건의 지평선이란 블랙홀 안팎을 연결하는 넓은 경계지대를 뜻한다. 정확히 말하면 2019년에 발견한 것은 블랙홀 그 자체가 아닌 블랙홀의 그림자인 셈이다. 블랙홀은 빛조차 빠져나올 수 없는 천체이기 때문에 블랙홀 자체를 보는 것은 불가능하다. 사건의 지평선은 빛이 탈출할 수 있는 블랙홀의 마지노선이다.

EHT 국제공동연구진은 사건의 지평선 주변에서 고온의 물질이 빛의 속도와 가까운 속도로 운동하거나, 블랙홀로 빠져 들어갈 때 일부는 격렬하게 에너지를 방출하기 때문에 이를 관측하면 사건의 지평선 가장자리를 볼 수 있다고 생각했다. 이렇게 2009년 시작된 것이 EHT 프로젝트다. 하지만 5,500만 광년 떨어진 은하 M87 중심부의 블랙홀 관측을 위해선 지구만한 크기의 망원경이 필요했다. 연구진은 망원경 사이 거리가 망원경의 크기가 된다는 점에 착안해 지구 크기의 가상 망원경을 만들었다.

이어 연구진은 같은 시각 서로 다른 망원경을 통해 들어온 블랙홀의 전파 신호를 컴퓨터로 통합 분석해 이를 역추적하는 방식으로 블랙홀의 모습을 담은 영상을 얻었다.

서로 다른 장소에 있는 망원경이 한 방향을 바라보고 동일한 천체의 신호를 받는다면, 여러 대의 망원경 간 거리를 아우르는 거대한 망원경을 이용해 관측하는 것이나 마찬가지의 효과를 거둘 수 있다. 8대 망원경 사이의 간격은 지구의 자전이 메웠다. 지구는 자전하고 각 망원경도 그에 맞춰 위치를 계속 바꾸기 때문이다.

천체는 달이 뜨고 지는 것처럼 뜨고 지는데 지구가 자전하기 때문에 천체가 뜰 때 어떤 망원경은 아예 안 보이고 어떤 망원경은 보이는 것을 반복한다. 예를 들어 천체 입장에서 남극 망원경을 바라보고 있다고 생각하면, 지구라는 하나의 동그란 큰 망원경의 표면을 따라 움직이는 게 되고 그 망원경의 위치가 계속 변화하니 결국은 가상의 큰 망원경 위를 채울 수 있는 것이다. 이런 지구의 자전을 이용해 가상의 큰 망원경을 구현하는 것이 바로 전파간섭계 기술이다.

이처럼 지구의 자전을 이용해 합성하는 기술로 1.3mm 파장 대역에서 하나의 거대한 지구 규모의 망원경이 구동되는 것이다. 이런 가상 망원경을 초장기선 전파간섭계VLBI, Very Long Baseline Interferometry라고 한다. EHT의 공간 분해능해상도은 파리의 카페에서 뉴욕에 있는 신문 글자를 읽을 수 있는 정도의 분해능이다.

2019년 관측에 성공한 은하 M87 중심의 블랙홀은 지구 크기의 망원경으로 볼 수 있는 가장 먼 거리의 블랙홀이다. 바꿔 말하면 우주에 우주전파간섭계망원경을 쏘아 올려 거기서 관측한다면 더 멀리 있는 천체를 관측할 수 있다는 얘기도 된다. 일본은 이미 20여 년 전부터 이를 위해 우주에 망원경을 쏴 올렸다. 하지만 당시의 기술 수준에서는 분해능 즉 해상도를 현재 수준의 100분의 1밖에 구현할 수 없었다. 우주 강국 러시아가 이 분야에서 가장 앞서나가고 있다. 러시아는 기존의 우주전파간섭계망원경 프로젝트인 '라디오어스트론'에 이어 새로운 프로젝트인 '밀리미터론' 프로젝트를 진행 중이다. 이 프로젝트가 성공할 경우 우주 공간까지 더 높아진 분해능을 바탕으로 더 멀리 볼 수 있는 기회가 생길 수 있다.

그렇다면 블랙홀은 우주상에 몇 개나 있을까. 당장 우리 은하 중심에도 궁수자리A*Sagittarius A* 블랙홀이 있다. EHT국제공동연구진은 처녀자리 M87 블랙홀과 함께 궁수자리A* 블랙홀 관측을 진행했고 현재 분석 작업을 진행 중이다. 블랙홀은 질량이 제각각이지만 우주 전체에 1,000

억 개 이상 존재한다고 추정된다. 블랙홀의 강력한 중력이 천체 회전 운동의 근간이기 때문이다. 각 은하마다 적어도 한 개 이상의 블랙홀이 존재하는 것으로 생각해 볼 수 있다. 블랙홀의 거대한 중력이 은하에 있는 수천억 개의 별들을 결속시키고 있기 때문이다. 블랙홀이 없다면 별들은 구심력을 갖지 못하고 은하 바깥으로 튕겨져 나가게 된다.

블랙홀과 중력파

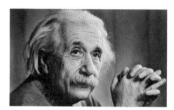
알베르트 아인슈타인

블랙홀을 얘기할 때 빼 놓을 수 없는 하나의 개념은 중력파라는 개념이다. 2016년에 미국 과학자들은 블랙홀 간 충돌의 흔적인 중력파를 발견하는 성과를 거뒀고 이듬해 바로 노벨상을 수상했다. 1916년 아인슈타인은 일반 상대성 이론에서 중력파라는 성질을 예측한다. 아인슈타인의 중력 방정식을 쉽게 풀이하자면 중력이 있다면 그 근방에서의 시공간이 휘어진다는 것이다. 보자기를 펼쳐 그 위에 구슬 올려놓은 모습을 생각하면 쉽게 이해할 수 있다. 그렇다면 중력에 변화가 있다면 시공간의 휘어짐에도 변화가 있을 것이다. 시공간의 곡률 휘어짐이 변하면서 생기는 울림이 바로 중력파라는 것이다.

이 중력파도 2016년까지는 직접적으로 관측되지 않았다. 2016년 2월 12일 중력파 검출 시스템인 라이고LIGO에서 지구로부터 13억 광년 떨어져 있는 위치에서 두 블랙홀의 충돌로 발생한 블랙홀이 관측됐다. 두 개의 블랙홀은 충돌하면서 하나로 합쳐지는데 각각의 단일 질량의 합보다 가벼운 질량의 블랙홀이 된다. 예컨대 '1+1=2'가 아닌 1이 된 것이나 마

칼 세이건

찬가지다. 그렇다면 사라진 질량은 어디로 갔을까? E=mc2, 에너지E와 질량m이 서로 변환될 수 있다는 아인슈타인의 또 다른 이론에 의해 에너지로 변했다. 그리고 그 에너지는 중력파라는 파동의 형태로 우리에게 전달된 것이다.

인류 첫 블랙홀 그림자 발견에도 불구하고 인류의 블랙홀에 대한 궁금증은 여전히 진행형이다. 현재로선 제대로 된 형태조차 파악할 수 없다. 블랙홀 관측은 이제 걸음마를 뗐을 뿐이다. 하지만 실망하긴 이르다.

우리는 불과 한 세대 전만 해도 불가능하다고 생각했던 일을 이미 이뤄냈다. 상상을 멈추지 않는 한 과학 기술의 진보는 계속된다. 먼 훗날 언젠간 미국 천문학자 칼 세이건의 SF소설《콘택트Contact》와 크리스토퍼 놀란 감독의 영화〈인터스텔라 Interstellar〉에서처럼 인류가 우주의 지름길인 웜홀블랙홀과 그 반대 성질을 갖는 화이트홀을 연결하는 우주 시공간의 구멍을 통과해 우주 간 이동을 하게 될지도 모를 일이다.

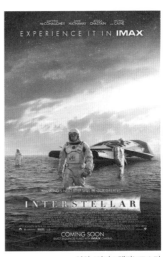
영화 〈인터스텔라〉 포스터

33. 별의 탄생과 소멸의 경이로움

조선시대의 초신성 사건

《조선왕조실록》가운데 〈선조실록〉

《조선왕조실록》가운데 〈영조실록〉

"내 부덕한 자질로…아래서는 백성들이 원망하고 위에서는 하늘이 노하여…객성客星이 나타나고…하늘 견책꾸짖고 나무람을 보이는 것이 한두 가지가 아니었다. 말을 할수록 내가 깊은 골짜기에 빠지는 것 같구나." – 〈선조실록〉 중 –

　조선 제14대 왕 선조는 1604년 객성초신성 폭발 등 기상 이변이 잇따르자 "내 탓이오."를 외치는 반성문을 전국에 반포하면서 "나의 잘못을 낱낱이 고하라."는 구언求言·임금이 신하의 직언을 구함의 명령을 내렸다. 조선에선 객성과 같은 성변星變이 생기면 임금은 소복에 검은 띠를 두르고 월대궁궐의 중요 건물 앞에 설치하는 넓은 기단 형식의 대에서 이른바 구식救蝕·기상 이변 때 임금이 삼가는 뜻으로 행하던 의식을 행했다.

1770년영조 46년 봄에도 객성이 나타나자 영조는 월대에 올라 "제발 객성아. 백성과 나라에 재앙을 옮기지 마라."며 사흘 밤낮으로 간절히 하늘에 고했다. 〈영조실록〉은 "임금이 사흘 간 간절한 마음으로 빌자 객성이 사라졌다."고 기록했다. 조선시대 하늘의 성변을 제대로 관측하는 것은 하늘과 백성의 마음을 제대로 읽는 통치권자의 능력이기에 왕들은 이처럼 늘 초조했다.

별의 죽음, 초신성 폭발

우주 내에서 탄생하는 모든 것에는 생성과 소멸이 있다. 항성별에도 이른바 장렬한 죽음이 있다. 태양 질량의 10배 이상 되는 거대 질량의 항성O형별·분광형에 따른 구분은 마지막 진화 과정에서 폭발을 일으키는데 이를 초신성supernova 폭발이라고 한다. 별들은 폭발하는 순간에 엄청난 에너지를

초신성 폭발 장면

한꺼번에 우주로 방출하고 태양 10억 개 밝기로 빛나는 초신성이 되면

서 생을 마친다. 별의 중심핵은 수축해 아주 작은 중성자별이 되거나 블랙홀이 된다.

초신성 폭발은 우주의 가장 중요한 사건 중 하나다. 초신성 폭발은 별이 일생 동안 핵융합을 통해 만들어 놓은 탄소, 산소, 규소, 철과 같은 갖가지 원소들을 우주로 환원하는 역할을 한다. 이 원소들은 우주상의 물질과 생명체의 재료가 된다. 우리 몸을 구성하고 있는 여러 원소들 역시 별의 죽음으로 생겨난 것이다. 만약에 별들이 이처럼 폭발을 일으키지 않고 조용히 스러져 갔다면 인류는 이 세상에 존재하지도 못했을 것이다.

그렇다면 초신성 폭발은 어떻게 다시 새로운 별들을 만들어 낼까. O형 별이 초신성 폭발 끝에 소멸하며 만들어 낸 물질들의 찌꺼기가 중력에 따라 뭉쳐 다시 새로운 별이 만들어진다. 다시 말하면 구름처럼 뭉쳐진 형태의 가스와 먼지 등으로 이뤄진 대규모의 성간물질인 성운이 별의 씨앗이 되는 것이다. 여러 작은 성운들이 뭉치고 뭉치다 보면 서로 거리가 좁혀지게 되고 부딪히는 일도 많아지게 된다. 이 과정에서 열이 나고 온도가 높아지다 보면 중심에서 핵이 만들어진다. 사람으로 치면 어머니 뱃속에 태아가 만들어지는 것과 같다. 스스로 빛을 내는 에너지를 갖지 못해 별은 아니지만 별이 될 준비를 하는 아기별인 셈이다. 아기별은 점차 중력에 버티는 힘이 강해지면서 서서히 형태를 갖춰 가고 핵융합을 통해 마침내 스스로 빛을 내는 에너지를 얻게 된다.

천문학자들은 그동안 이렇게 성운이 별이 되는 데 100만~200만 년 정도 걸리는 것으로 관측을 통해 추정해 왔다. 하지만 우리 태양과 태양계는 약 45억 년 전에 불과 20만 년 밖에 안 되는 매우 짧은 기간에 만들어졌다는 연구 결과가 나와 흥미를 끌고 있다. 2020년 11월 미국 로렌스 리버모어 국립 연구소LLNL 우주화학자 그레그 브레넥카 박사가 이끄는 국제 연구팀은 운석의 '칼슘-알루미늄 다량 함유물CAI · Calcium-Aluminum-rich Inclusions'을 분석해 얻은 이 같은 연구 결과를 유명 과학 저널《사이언스

Science》에 발표했다. 인간 수명과 비교한다면 태양계는 약 40주의 임신 기간 대신 단 12시간만에 급속하게 형성된 셈이라는 게 연구팀의 설명이다. 별의 생성 기간은 제각각이겠지만 별은 소멸하며 성운을 낳고 성운은 다시 별을 낳는다는 사실은 변하지 않는다. 뭐가 먼저라고는 말하기 어렵지만 별은 이처럼 끊임없이 소멸과 생성을 반복한다. 이는 결국 '닭이 먼저냐 달걀이 먼저냐'는 해묵은 논쟁과도 같은 것이다.

34. 완벽한 이론을 완성한 한낮의 우주쇼 '개기일식'

신라시대 연오와 세오 설화

신라 8대 왕 아달라 이사금阿達羅 尼師今 4년157년에 경북 포항 호미곶에 연오와 세오라는 부부가 살고 있었다. 어느 날 연오가 해초를 채취하던 중 바위가 움직이더니 그를 실은 채 바다를 건너 일본으로 갔고, 일본인들은 비범한 사람이라며 왕으로 섬겼다. 세오는 남편이 돌아오지 않는 것을 이상히 여기다 바닷가로 가 남편이 벗어 놓은 신발을 보고 바위 위에 올랐다. 그러자 그 바위 역시 움직여 세오를 일본으로 데려 갔고 세오는 연오와 다시 만나 왕비가 됐다.

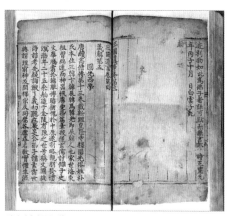

일연의 《삼국유사》

마침 그때 신라에서는 해와 달이 빛을 잃었다. 왕 아달라가 점술가를 불러 까닭을 점치게 하니 그 점술가는 신라의 해와 달의 정기를 품은 이들이 일본으로 갔기 때문이라고 했다. 이에 아달라가 사람을 보내 연오와 세오에게 돌아오도록 촉구했으나 두 사람은 돌아갈 수 없다고 하는 대신 세오가 직접 짠 비단을 보냈다. 왕이 그 비단으로 하늘에 직접 제사를 지내자 비로소 해와 달이 빛을 되찾았다.

일연의 《삼국유사》에 실려 있는 〈연오와 세오〉 설화다. 여기서 해와 달이 빛을 잃었다는 것은 각각 일식과 월식을 뜻한다. 천문학이 발달하지 않았던 과거 이 같은 천문 현상은 일종의 재앙으로 받아들여졌다.

불길한 징조 개기일식

조선시대 왕을 상징하는 해가 가려지는 일식은 불길한 징조로 인식해 해가 다시 나오기를 기원하는 의식인 구식의救蝕儀를 치렀다. 세종 4년1422년 정월 초하루 오후 창덕궁 인정전 뜰 앞에 구식의를 치르기 위해 소복을 입은 세종과 신하들이 모여 있었다. 일식은 하늘의 재앙으로, 더 큰 재앙을 막기 위해서 일식이 일어나는 동안 왕을 비롯한 모든 신하들이 소복을 입고 북을 울렸다. 더욱이 이날은 예고된 시각보다 15분 늦게 일식이 발생해 예보를 담당한 이천봉은 곤장을 맞았다. 하지만 이는 이천봉의 잘못은 아니었다. 세종 초만 해도 중국에서 그대로 들여온 역법으로 일식 시간을 추정했는데 중국과 우리나라의 시차 때문에 일어난 일종의 해프닝이었다. 이 일을 계기로 세종대왕은 우리 현실에 맞는 천문체계를 정비하기 시작했다.

1948년 제헌 국회를 구성할 국회의원을 뽑기 위해 실시된 우리나라 최초의 근대적 선거인 5·10총선거는 원래 5월 9일 실시될 예정이었

개기일식 장면

으나 금환일식 때문에 하루 미뤄져 5월 10일에 치러졌다. 이때 일식은 거의 개기일식에 가까울 정도로 해를 거의 전부 가린 금환일식이었으나 지속 시간은 단 1초 남짓으로 매우 짧았다. 그럼에도 총선거까지 연기한 것은 일식의 부정적 의미가 그때까지 여전히 남아 있었기 때문으로 추정된다.

흔히 3대 우주쇼라고 하면 오로라, 개기일식, 대유성우를 가리킨다. 이중 오로라 및 대유성우와는 달리 개기일식은 태양이 떠 있는 한낮에 일어난다는 점에서 더욱 신비로움을 더한다. 일식은 달이 태양의 전부 또는 일부를 가리는 천문현상이다. 태양이 달에 전부 가려지면 개기일식皆旣日蝕 · total solar eclipse, 일부만 가려지면 부분일식, 가장자리까지 완벽히 가려지지 못해 금빛으로 빛나는 반지 모양이 되면 금환일식이라고 한다.

지구에서 볼 때 태양과 달의 겉보기 크기는 비슷하다. 태양이 달보다 400배 크지만 달에 비해 400배 멀리 떨어져 있기 때문이다. 또 지구가 태양 주위를 도는 궤도면황도과 달이 지구 주위를 도는 궤도면백도의 기울기 차이가 5도 정도로 크지 않기 때문에 달이 지구를 공전하며 태양의 앞쪽으로 지나 태양을 가리는 때가 생기는데 이때를 일식이라고 한다. 달의 본그림자 즉 본영本影 지역에 있는 관측자는 달의 크기가 태양의 크기보다 크거나 같아 달이 태양을 완전히 가리는 개기일식을 볼 수 있다. 하지만 달그림자가 원뿔 모양으로 늘어나 지구 표면에 도달한 꼭지점이 본영이기 때문에 개기일식은 육지에서 좀체 보기 어렵다. 반면 월식이란 지구가 달과 태양 사이에 위치해 지구의 그림자에 달이 가려지는 현상을 말한다.

일식이 월식보다 자주 생기지만 일식은 지구상의 극히 한정된 지역에서만 볼 수 있는 반면 월식은 지구의 밤인 곳 어디에서나 볼 수 있기 때문에 월식이 더 자주 관측된다. 특히 부분일식은 지역에 따라 조금씩 다르지만 매년 관찰할 기회가 생기는 반면 개기일식은 작정하지 않는

그레이트 아메리칸 이클립스(2017)

대부분의 사람들이 일생에 한 번 볼까 말까한 경험이고 대낮에 하늘이 깜깜해지고 별이 보이는 비현실적 경험이라는 점에서 그 특별함이 최상급이라 할 수 있다.

우리나라에서 마지막 개기일식이 나타난 것은 조선시대인 1887년 8월 19일이었을 정도다. 2017년 8월 21일현지 시각 미국은 99년만에 대륙을 관통하는 개기일식이 나타나 수많은 인파가 몰리면서 들썩였다. 미국 대륙에서 90분 간 펼쳐진 개기일식에 미국 항공우주국NASA은 '그레이트 아메리칸 이클립스Great American Eclipse'라는 이름을 붙였을 정도다. 특정 지역에서 개기일식이 다시 일어날 확률은 평균 370년에 1회 정도라고 한다. 상황이 이렇다보니 어느 국가 어느 지역에 개기일식이 예정

영국 천체물리학자 아서 스탠리
에딩턴

돼 있다면 해당 지역행 비행기표는 일찌감치
동이 나기 일쑤다.

과학사적으로 봤을 때 역대 개기일식 중
백미는 1919년 일어난 일반상대성이론을 완
성시킨 개기일식이다. 영국의 천체물리학자
아서 에딩턴은 1919년 5월 29일 아프리카에
서 일어난 개기일식을 관측해 태양 주변 빛
이 아인슈타인이 예측한 대로 휜다는 사실을
확인했다. 에딩턴에게 개기일식은 태양과 별
을 함께 볼 수 있는 절호의 기회였고 그는 결국 아인슈타인이 1915년 발
표한 일반상대성 이론을 관측으로 증명했다.

시공간이 중력에 의해 휘어질 수 있다는 일반상대성이론을, 태양이
달에 가려지는 개기일식 때, 태양 중력에 의해 실제로 별빛이 굴절하는
값을 계산해 증명해낸 것이다. 우리나라에서 예상되는 다음 개기일식은
오는 2035년 9월 2일이다. 다만 원산, 평양 등 북한 지역에서 관측 가능
하고 북한 지역을 제외하면 강원도 최북단인 고성군 거진읍 이북 지역
에서만 잠깐 볼 수 있다.

35 외계인은 존재할까?
지구형 외계행성 다수 존재

SF영화의 고전, 스티븐 스필버그의 〈ET〉

할리우드 거장 스티븐 스필버그 감독의 1982년 SF과학영화 〈E.T The Extra Terrestrial〉는 외계인과 지구 어린이들과의 우정을 그린 영화로 당시 역대급 흥행기록을 세우며 선풍적인 인기를 끌었다. 우리가 흔히 방송에서 접하는, 머리는 크고 팔다리가 가늘며 배만 불뚝 나온 외계인의 모습은 이 영화에서 나온 ET의 모습에서 시작됐다.

어느 날 UFO Unidentified Flying Object · 미확인 비행 물체가 어느 한적한 숲속 마을에 나타난다. 그 UFO에

스티븐 스필버그의 영화 〈ET〉 포스터

서 내린 외계인들은 지구의 표본들을 채취한 후 허겁지겁 떠나는데 식물

채취에 심취한 나머지 우주선에 타지 못한 채 홀로 남겨지게 된 외계인이 바로 ET다. 낯선 지구의 모습에 당황한 채 정처 없이 걷다 한 가정집에 숨어들게 된 ET는 그 집의 삼남매 아이들과 우정을 나누게 된다. 특히 ET를 처음 발견한 엘리어트라는 꼬마 아이와 ET는 텔레파시로 교감을 나누게 되는데 엘리어트와 ET가 검지를 맞대는 장면은 오늘날까지도 다양하게 패러디될 정도로 유명한 장면이다. ET를 고향별로 데려다주기 위해 엘리어트가 ET를 자전거 앞에 태우고 둥근 달을 배경으로 하늘을 나는 모습을 묘사한 영화 포스터 역시 ET하면 빼 놓을 수 없는 얘깃거리다.

외계인은 존재하는가?

영화 〈ET〉의 외계인

외계인은 과연 있을까. 이 질문은 인류의 오랜 궁금증 중 하나다. 외계인의 존재를 간접 증명할 수 있다는 믿음이 투영된 UFO 목격담이 전 세계에서 끊임없이 나오고 있는 것만 봐도 인류가 얼마나 이 질문에 대한 답을 구하고 있는지 짐작할 수 있다. 그도 그럴 것이 광활한 우주에서 70억 명의 사람이 사는 지구는 미세한 점에도 미치지 못하는 매우 작은 공간이다. 이 작디작은 지구에만 유일하게 사람이 살 수 있다는 법은 없기 때문에 인류는 오랫동안 외계인을 상상해 왔다.

일단 생명체 혹은 인간이 살기 위해선 물과 산소가 있어야 하고 밟을 수 있는 땅이 있어야 한다. 먼저 우주상의 모든 별항성을 분류하는 기준인 분광형에 따라 별은 가장 뜨겁고 큰 O형 별부터 가장 크기가 작고 어두운 M형 별까지 다양하다. O, B, A, F, G, K, M 순으로 갈수록 크기는 작아지고 어두워진다. 반대로 별의 수명은 가장 작은 M형 별이 가장 길어 평균 900억 년이 넘고 O형 별이 가장 짧아 수백만 년에 지나지 않는다. 우주의 90% 정도는 M형 별이기도 하다. 우주의 나이가 약 138억 년이라고 추정할 때 M형 별은 생성된 이후로 아직 단 한 번도 소멸하지 않았다. 태초에 빅뱅이 일어났을 때 수소와 헬륨이 만들어졌고 1세대 M형 별은 그 상태의 원소만 가진 채 지금도 살아 있다. 하지만 수명이 짧은 O형 별은 초신성폭발을 통해 소멸하면서 새로운 물질들을 많이 만들어 낸다. 이런 물질들의 찌꺼기가 중력에 따라 뭉쳐 다시 새로운 별이 만들어진다. 별이 만들어지면 그 별의 물질들을 기반으로 별 주위를 도는 지구와 같은 행성도 만들어진다.

이 원리는 솜사탕 기계를 연상하면 쉽게 이해할 수 있다. 가운데 가열 장치가 있는 원통형 솜사탕 기계에 설탕을 넣으면 설탕은 그 온도를 이기지 못하고 녹아서 가장자리로 밀려난다. 그런데 가열장치에서 적당히 떨어진 구간에 이르면 온도는 낮아져 녹았던 설탕은 결정화가 된다. 결정화된 설탕들이 한 점에서 나무 꼬챙이로 말면 그것이 솜사탕이 된다.

지구는 태양이라는 별항성의 주위를 도는 행성이다. 지구엔 액체 상태의 물이 있고 땅도 있다. 결국 태양은 1세대 별이 아니란 얘기다. 1세대 별은 수소와 헬륨만 존재하기 때문이다. 태양은 실제 1.5세대 내지 2세대 별이며 분광형으로는 G2형으로 분류된다. 태양계에는 수성, 금성, 지구, 화성, 목성, 토성, 천왕성, 해왕성의 8개 행성이 있다. 이 중 수성, 금성, 지구, 화성은 지구형 행성으로 불리는 암석형 행성이다. 목성부터는 목성형 행성으로 불리며 기체형 행성이다. 태양의 98%는 수소와 헬륨으로 나머지 2% 정도는 철, 규소 등 고체 원소를 포함한 다양한 물질로 이뤄져 있다. 이 중 철과 규소 같은 고체 원소들은 태양과 적당한 거리에서 고체 상태를 유지할 수 있다.

또 물도 태양과 적당한 거리에 있어야 액체 상태로 존재할 수 있다. 이 적당한 거리에 있는 행성이 바로 수성, 금성, 지구, 화성이고 그 중에서도 지구는 태양계에서 생명체가 살기에 태양과 가장 적절한 거리를 유지하고 있는 행성이다. 정리하자면, 태양과 같이 1세대 별이 아닌 별의 주위를 돌며 그 별에서 적당한 거리를 유지하고 있는 행성에 생명체가 존재할 수 있단 얘기다.

과학자들은 지구를 1로 놓고 지구와 비슷할수록 1에 가까운 점수를 매겼다. 제2의 지구로 불리며 인류 이주 프로젝트가 진행 중인 화성이 0.79점이다. 그런데 태양계를 벗어나면 얘기는 달라진다. 지구와 비슷한 조건을 갖춘 '골디락스 행성' 중에는 0.9점인 행성도 있다. 태양계에서 가장 가까운 곳에 있는 지구와 가장 비슷한 행성은 '프록시마 센타우리'라는 항성을 도는 '프록시마 b' 행성으로 이 외계행성은 0.85점이다. '쌍둥이 지구'로까지 불리는 '프록시마 b'는 태양계에서 4.2광년 떨어져 있다.

미국항공우주국NASA은 2017년 말부터 프록시마 b의 생명체 존재 여부를 알아내기 위해 그곳에 무인 탐사선을 보내는 계획을 검토하기 시작했다. 광년이란 빛이 진공 속에서 1년 동안 진행한 거리를 가리키는 말이다. 광속의 약 10% 속도로 날아간다고 해도 40여 년의 세월이 걸리는 거리다. 또 그곳에서 탐사선이 외계인을 발견해 지구로 탐사 자료를 보내는 데만도 4.2년이 걸린다. 하지만 과학기술은 시시각각 빠르게 진보 중이다. 비단 우리 세대는 아니더라도 다음 세대에선 그곳에서 실제 외계인을 만나게 될 지도 혹은 더 나아가 인류가 그곳으로 이주해 살 수 있을 지도 모를 일이다.

36. 태양과 지구의 극적인 만남 '오로라'의 세계 🔍

신비한 하늘의 향연, 오로라 ⌖

1770년영조 46년 9월 조선의 밤하늘이 타는 듯한 붉은빛으로 물들었다. 오로라였다. 중위도 지역에선 좀체 보기 힘든 오로라지만 당시 오로라는 무려 9일 간 조선은 물론 이웃 청나라와 일본에 걸쳐 지속됐다. 일본과 미국의 공동 연구진은 2017년 말 한국과 중국, 일본의 옛 문헌을 토대로 당시 동북아시아에서 관측된 이 기이한 현상이 기록적인 자기폭풍의 결과로 생긴 오로라였다는 사실을 밝혀냈다.

같은 시기 유럽에서도 이와 관련해 기록을 했다. 연구진은 남반구 티모르Timor 섬에서도 오로라를 봤다는 독일 천문학자의 기록도 찾았다. 북반구와 남반구에서 동시에 오로라를 관측한 최초의 기록이다. 연구진은 태양 흑점 개수나 오로라 발생 기간 등을 고려할 때 지금까지 최대 규모로 알려진 1859년 카리브해의 오로라보다 2배 정도 강력했을 것으로 추정했다.

여행이나 하늘을 좋아하는 사람들이라면 한 번쯤 버킷리스트에 올려 봤을 만한 천문현상이 있다. 바로 오로라aurora다. 오로라는 로마 신화의

오로라 장면(출처 : Aeronautical University)

새벽과 햇살의 여신 이름인 아우로라 그리스 신화 에오스에서 따왔다. 매우 신비하고 아름답기 때문에 '천상의 커튼'이라고 불리기도 한다. 하지만 오로라는 새침해서 쉽게 제 얼굴을 내놓지 않는다. 일단 오로라를 보기 위해선 주로 위도 60도 이상의 극지방으로 가야 하는 데다 날씨가 맑아야 하고 태양의 활동이 활발해야 하는 여러 조건이 있다. 또 백야현상이 일어나는 여름철엔 오로라를 볼 수가 없다. 이처럼 오로라는 자신을 보려고 하는 사람들의 애간장을 태우기 일쑤이기 때문에 오로라를 한 번 본 사람이라면 평생 그 감동을 잊지 못하고 살아간다.

오로라는 왜 생길까?

오로라는 간단히 말해 지상에서 100km 이상인 극지방의 고층 대기가 태양에서 날아오는 입자들과 부딪혀 빛을 내는 현상이다. 태양은 항상 양성자와 전자 등으로 이뤄진 대전입자플라스마를 방출하고 있다. 태양에서 모든 방향으로 내뿜는 이 같은 플라스마의 흐름을 태양풍이라고 한다. 지구는 늘 태양풍에 노출돼 있는데 지구를 둘러싸고 있는 자기장으로 인해 지구에 도달하는 대부분의 태양풍은 자기권 밖으로 흩어진다. 하지만 일부가 지구 자기장에 이끌려 대기로 진입하면서 공기 분자대부분은 산소와 반응해 빛을 내는 현상이 오로라다. 태양에서 날아온 물질이 지구 자기장과 상호 작용을 통해 극지방 상층 대기에서 일어나는 대규모 방전현상이 바로 오로라인 셈이다. 오로라 관측이 극지방에서 쉬운 이유는 그 지역에 지구의 자기력선이 밀집돼 있기 때문이다.

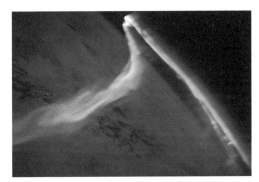

지구 대기권에 퍼진 오로라(출처 : ISS Expedition)

그렇다면 태양의 활동이 활발하면 더 선명한 오로라를 더 많이 볼 수 있을까. 그렇다. 태양 흑점 생성과 소멸이 활발한 시기를 태양 활동의 극대기라고 하는데 이는 일정한 주기를 갖고 나타난다. 보통 그 주기는 11년이다. 2013년이 바로 이 극대기였고 다음 극대기는 오는 2024년이다. 이때는 태양에서 오는 태양풍이 더 강하기 때문에 더욱 뚜렷한 오로라가 더 자주 생성된다.

보는 지역에 따라 오로라 색깔이 초록색이나 붉은색 등으로 다른 이유는 뭘까. 오로라는 높이에 따라 낮은 쪽은 녹색 그보다 높은 쪽은 적색을 띤다. 극지방에선 바로 머리 위에서 벌어지는 현상이니 두 색상 모두를 볼 수 있고 그 중에서도 아래쪽의 초록색 오로라를 보다 뚜렷이 볼 수 있다. 하지만 가령 미국 캘리포니아 지역이나 호주 등 극지방이 아닌 지역에서는 둥근 지구를 깎아 올려다 봐야 하기 때문에 하단의 녹색 빛은 보지 못하고 상단의 적색 빛만 연하게 볼 수 있다. 우리나라 고서에서도 약 11년 주기로 적기赤氣가 나타났다는 기록이 전해져 오는 것을 봤을 때 우리의 선조들도 신비한 천문현상으로 오로라를 인식했다.

오로라는 산소 외에 질소와 충돌해서도 생긴다. 질소는 과자 봉지의 충전재로 쓰일 정도로 안정적인 기체이다 보니 강한 에너지가 아니면 질소를 들뜨게 만들기가 어렵다. 이 때문에 태양 에너지가 평소보다 매우 강하게 지구에 전달되는 때에 질소에 의한 오로라를 볼 수 있는데 이 오로라는 보라색이다.

37. 24절기는 음력일까 양력일까? 🔍

"이날 운기雲氣·기상 변화에 따른 구름의 모양을 보아, 청靑이면 충해蟲害·벌레로 인한 농사 피해, 적赤이면 가뭄, 흑黑이면 수해, 황黃이면 풍년이 된다고 점친다. 또 이날 동풍이 불면 보리값이 내리고 보리 풍년이 들며, 서풍이 불면 보리가 귀貴하며, 남풍이 불면 오월 전에는 물

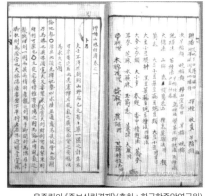

유중림의《증보산림경제》(출처 : 한국학중앙연구원)

이 많고 오월 뒤에는 가물며, 북풍이 불면 쌀이 귀하다"

조선후기 의관醫官 유중림이《산림경제》를 증보해 1766년영조 42년에 엮은 농서인《증보산림경제增補山林經濟》중 춘분春分에 관한 부분이다. 조상들은 낮과 밤의 길이가 같고 더위와 추위가 같은 즉 음양이 서로 반반인 이날의 날씨를 봐 그 해 농사의 풍흉豊凶과 수한水旱을 점쳤다. 또 춘분을 전후해 농가에서는 봄보리를 갈고 춘경春耕을 하며 담도 고치고 들

나물을 캐먹었다.

그런가 하면 조선시대 왕실에서는 왕이 농사의 본을 보이기 위해 몸소 농사를 짓던 적전籍田을 경칩 이후 첫 해일亥日·60갑자력에 따른 날짜의 하나에 풍년을 기원하던 제사인 선농제先農祭와 함께 행하도록 정했다. 또 왕은 경칩 이후에는 갓 나온 벌레나 갓 자라나기 시작하는 풀이 상하지 말라는 의미에서 들에 불을 피우지 말라는 지시를 하기도 했다. 우리 조상들은 이처럼 일 년에 한 번씩 일정한 시기에 돌아오는 총 24개의 절기마다 농사 일정이나 규칙을 정해 뒀고 그에 어울리는 세시풍속도 갖고 있었다.

절기는 왜 생긴 걸까?

한 달에 두 번 돌아오는 절기節氣에 대해 얼마나 아는가. 사람들이 흔히 하는 착각은 절기를 음력이라고 생각하는 것이다. 절기는 우리 조상들이 예부터 사용해 온 것이고 우리 민족은 오래 전부터 음력을 사용해 왔기 때문에 절기 역시 음력이라고 생각하는 것이 그 추론의 근거다. 하지만 절기는 양력이다.

우리 민족은 오랫동안 달의 움직임을 기준으로 만든 음력을 사용해 왔다. 하지만 날짜는 음력을 기준으로 하되

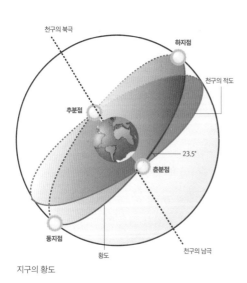

천구의 북극
하지점
천구의 적도
추분점
23.5°
춘분점
동지점
황도
천구의 남극
지구의 황도

계절은 양력을 기준으로 했다. 즉 우리 민족은 두 개의 역법을 혼합한 태음태양력을 사용했다. 음력이 태양의 움직임에 따라 결정되는 계절의 변화와는 잘 맞지 않았기 때문이다. 농경사회에서 계절의 변화는 그 무엇보다 중요한 것으로 이를 위해 나온 것이 계절의 표준 구분법이 된 절기이다.

24절기는 태양의 황도천구 상에서 태양이 지나는 길상 위치에 따라 계절적 구분을 하기 위해 만든 것으로 15도 간격으로 점을 찍어 총 24개로 나눈 것이다. 지구가 태양을 돌지만 지구상의 관측자를 기준으로 봤을 때는 커다란 구 모양의 가상의 구인 천구를 태양이 지나가는 것으로 보인다. 그 지나는 길인 황도를 춘분점을 기점으로 15도 간격으로 점을 찍어 총 24개의 절기로 나타내는 것이다. 태양이 15도씩 이동할 때마다 온도나 계절의 변화가 일어난다고 생각했고 매 15도 지점마다 용어를 하나씩 붙였는데 이것이 절기다.

천구상에서 태양의 위치가 황도 0도, 90도, 180도, 270도를 통과하는 순간이 각각 춘분, 하지, 추분, 동지가 된다. 24절기 중 춘분, 추분, 하지, 동지, 입춘, 입하, 입추, 입동은 계절의 변화를 뜻하고, 소서, 대서, 처서, 대한은 더위와 추위를 의미한다. 우수, 곡우, 소설, 대설은 강수 현상과, 백로, 한로, 상강은 수증기 응결과 관련된 것이다. 계절에 따른 만물의 변화를 나타내는 절기는 소만, 만종, 경칩, 청명이 있다.

계절의 변화를 파악하기 위해 만든 절기가 정작 우리나라 실제 기후와는 다소 차이가 있다. 양력 2월 4일 전후로 드는 봄의 시작 '입춘'은 우리나라에선 실제로 늦겨울에 해당한다. 이는 24절기가 중국 재래 역법의 발상지인 기원전 고대 중국 주周나라 때 황허강 주변 화북 지방의 기후 특징을 바탕으로 만들어졌기 때문이다. 또 세월이 흐르면서 기후 변화도 생겨났기 때문에 현재 우리나라의 기후와는 조금 차이가 있을 수밖에 없다. 이를 보완하기 위해 우리 조상들은 속담 등을 통해 실제 기후를 반영하는 기지를 발휘하기도 했다. 가장 큰 추위를 뜻하는 대한보다 작은 추위를 뜻하는 소한이 더 춥기 때문에 '대한이 소한의 집에 가서 얼어 죽는다.'라는 속담을 만들어 냈다. 입춘의 추위를 뜻하는 속담으로는 '입춘을 거꾸로 붙였나', '입춘 추위는 꿔다 해도 한다' 등이 있다.

우리나라 절기의 특징

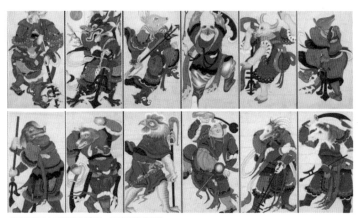

십이지신도十二支神圖 (출처 : 국립중앙박물관)

우리나라의 4대 명절설, 한식, 단오, 추석 중 하나인 한식寒食도 절기와 관련이 있는 명절이다. 4대 명절 중 유일하게 음력이 아닌 명절이다. 불의 사용을 금하며 찬 음식을 먹는 명절인 한식은 22번째 절기인 동지 후 105일째 되는 날이다. 이와 관련한 속담 중에 '한식에 죽으나 청명淸明에 죽으나'라는 것이 있다. 청명은 하늘이 차츰 맑아진다는 의미의 절기로 동지 이후 7번째에 해당하는 절기다. 보통 보름 간격으로 새로운 절기가 돌아오므로 청명과 한식은 거의 같거나 하루 차이가 난다. 즉 이 속담은 한식이나 청명이나 기껏해야 하루 차이가 나기 때문에 별다른 차이가 없다는 뜻이다.

한여름 더위를 뜻하는 삼복은 어떨까. 하지로부터 3번째 경庚일이 초복, 4번째 경일이 중복, 입추 후 첫 번째 경일이 말복이다. 여기서 경庚이라는 것은 간지력60갑자력의 10간갑. 을, 병, 정, 무, 기, 경, 신, 임, 계 중 7번째인 '경'을 가리킨다. 60갑자가 10간과 12지자. 축, 인, 묘, 진, 사, 오, 미, 신, 유, 술, 해를 조합해 만든 것이니 경일은 총 6개로 경오庚吾 · 경진庚辰 · 경인庚寅 · 경자庚子 · 경술庚戌 · 경신庚申일이 있다.

그렇다면 띠는 음력일까, 양력일까. 정확히는 둘 다 아니다. 이 말은 음력 1월 1일을 기준으로 하거나 양력 1월 1일을 기준으로 해 새로운 띠가 돌아오지 않는다는 것을 의미한다. 띠는 바로 특정 절기와 관련이 있다. 사주명리학에서는 한 해의 시작을 입춘으로 보는 게 통설이다. 즉 입춘점에 태양이 딱 지나는 시점이 새로운 해의 시작이 된다. 2021년의 경우 2월 3일 23시 59분이 입춘의 절입節入 시가이었으므로 그 전에 태어났으면 쥐띠, 그 이후면 소띠다.

38. 우주에서 영면할 수 있을까?

하늘의 별이 되고 싶었던 반 고흐

"오늘 아침 나는 해가 뜨기 한참 전에 창문을 통해 아무것도 없고 아주 커 보이는 샛별밖에 없는 시골을 봤다. 별을 보는 것은 언제나 나를 꿈꾸게 한다. 왜 하늘의 빛나는 점들에는 프랑스 지도의 검은 점처럼 닿을 수 없을까? 타라스콩이나 루앙에 가려면 기차를 타듯이 우리는 별에 다다르기 위해 죽는다."

빈센트 반 고흐의 〈별이 빛나는 밤〉(1889)

천재 화가 빈센트 반 고흐는 자신의 동생이자 든든한 후원자였던 테오 반 고흐에게 보낸 편지에서 이렇게 적었다. 고흐에게 밤하늘은 무한함의 대상이었고 별은 동경의 대상이었

우주장 기업 셀레스티스(출처 : 셀레스티스 홈페이지)

다. 별을 유독 좋아했던 고흐는 〈밤의 카페 테라스〉, 〈론 강의 별이 빛나는 밤〉, 〈별이 빛나는 밤〉 등의 위대한 작품을 남겼다.

밤하늘에 빛나는 별이 되고 싶은가. 원한다면 가능하다. 2018년 12월. 미국에서 '팰컨9'이라는 로켓이 우주로 발사됐다. 우리나라 차세대 소형 위성 1호가 실려 발사돼 관심을 모았던 이 로켓에는 100여 명의 시신을 화장한 재가 함께 실렸다. 살아 생전 못 이룬 고인들의 우주여행 꿈이 실현된 순간이었다. 미국 샌프란시스코 위성 제조업체 엘리시움 스페이스가 100여 명의 화장재 일부를 4인치약 10㎝ 정사각형 모양의 소형 인공위성 안에 넣어 우주로 보낸 것이다. 각각 가로세로 1cm의 초소형 캡슐엔 고인들의 이니셜도 새겨졌다. 애니메이션 〈은하철도 999〉로 유명한 일본 만화가 마츠모토 레이지는 우주를 너무 사랑한 나머지 생존자임에도 자신의 손톱을 보내는 방식으로 이 프로젝트에 참여했다.

유족들은 엘리시움 스페이스에 각각 2,500달러약 300만 원를 낸 것으로 알려졌다. 우주쓰레기에 대한 걱정은 하지 않아도 된다. 이 위성은 약 4

년 간 지구 궤도를 돌다가 대기권에 진입해 별똥별처럼 타서 없어진다. 유족들은 4년 간 고인들의 흔적이 실린 위성의 위치를 휴대폰 애플리케이션으로 실시간 파악할 수도 있다.

미국의 우주 개발 기업 스페이스X가 2019년 6월 쏘아 올린 로켓 '팰컨 헤비'에도 152명의 화장 유골을 실은 미국의 우주장 기업 '셀레스티스Celestis'의 우주장 위성이 탑재돼 우주로 떠났다. 우주장 비용은 화장 유골 7g 캡슐당 5,000달러가 넘는 것으로 알려졌다. 유골은 작은 금속 상자에 담겨 위성에 실렸는데 상자에는 고인을 위한 추모 문구를 새겨 넣을 수 있게 했다.

2020년 5월 미국 스페이스X가 민간 기업 최초로 유인 우주선 발사에 성공하면서 우주를 상업적으로 이용하려는 시도들이 빠르게 늘고 있다. 그 중 하나가 바로 우주장葬이다. 사실 미국에서는 1997년부터 우주와 관련 깊거나 우주 연구에 기여한 사람들 중 몇몇을 선발해 그들의 화장한 재를 로켓으로 우주에 보내는 우주장을 시행했다. 특히 그 중에서는 태양계 밖까지 나간 사람도 있는데 그 사람은 바로 1930년 명왕성을 처음 발견한 미국의 천문학자 클라이드 톰보Clyde William Tombaugh다. 톰보는 1997년 세상과 이별하기 직전 "내 유해를 우주 공간에 보내달라."라는 유언을 남겼다. 그의 뜻대로 그의 유해 일부는 명왕성 탐사선 뉴호라이즌스New Horizons호에 실려 발사됐다. 뉴호라이즌스호가 2015년 명왕성 최근접점을 통과하면서 톰보는 인류 역사상 최초로 유해가 명왕성에 도달한 사람으로 기록됐다.

미국과 일본에서 우주장을 서비스하는 벤처기업들이 속속 생겨나면서 관련

천문학자 클라이드 톰보

상품들도 다양해지고 있다. 대기권까지만 화장재를 올려 산골하는 방식부터 지구 궤도를 일정 기간 도는 방식이 이미 서비스 중이고, 더 나아가 달 표면 혹은 그 이상의 심우주Deep Space까지 보내는 상품까지 나오고 있다. 사람뿐만이 아니다. 애완동물인 개와 고양이까지 우주장으로 치르는 수요까지 생겨나고 있다. 물론 이들 동물들이 죽어서 우주로 가기를 원할지는 의문이다. 이처럼 우주 개발의 단계가 점차 고도화되면서 우주는 인류의 장례문화까지 바꾸고 있는 중이다.

39. 명왕성은 왜 불명예 퇴직했을까?

그리스 신화 속의 하데스, 플루톤

프랑스 신고전주의 조각가 오귀스탱 파주Augustin Pajou의 작품 중엔 〈사슬에 묶인 케르베로스를 잡고 있는 지옥의 신, 플루톤〉이라는 대리석 조각

오귀스탱 파주의 〈사슬에 묶인 케르베로스를 잡고 있는 지옥의 신, 플루톤〉

상이 있다. 작품 제목 그대로 플루톤 Plouton이 케르베로스Cerberus를 사슬에 매어 붙들고 있는 모양의 조각상인데, 플루톤은 다소 구부정한 자세로 오른쪽 다리를 왼쪽 다리 위에 꼬고 왼쪽 팔을 다시 그 오른쪽 다리 위에 길게 늘어뜨린 채 앉아 있다. 고개는 왼쪽으로 돌리고 오른손으로는 쇠사슬을 꽉 쥐고 있다. 표정은 얼음장처럼 차갑다. 쇠사슬엔 머리가 3개인 괴물 개 케르베로스가 묶여 있다.

여기서 플루톤은 그리스 신화에 등

장하는 명계冥界 · 저승의 신 하데스Hades의 별칭이다. 플루톤은 죽음을 관장하고 지하 세계를 다스리는 신으로 하늘의 신 제우스와 바다의 신 포세이돈의 형제기도 하다. 그가 지배하는 사자死者 · 죽은 자의 세계는 지하에 있다고 그려지며, 그 경계에는 아케론Acheron이라는 강이 있어 뱃사공 카론Charon이 죽은 자를 건네주는 일을 한다. 죽은 자의 세계로 들어가는 입구에는 케르베로스라는 괴물이 한 번 들어온 죽은 자가 나가지 못하도록, 반대로 산 자가 들어가지 못하도록 감시한다. 3개의 개 모양 머리에서 치명적인 화기火氣와 냉기冷氣, 맹독을 뿜어낸다고 그려진다. 로마 신화에서는 플루톤의 성격을 대부분 가져와 저승의 신을 플루토Pluto라는 이름으로 불렀으며 이 신의 영어 표기 역시 플루토다.

비운의 행성 명왕성

이 플루토는 1930년 태양계의 9번째 행성이었다가 76년만에 그 지위를 박탈당한 명왕성을 가리키는 이름이기도 하다. 1930년 미국 천문학자 클라이드 톰보가 발견하고 영국의 11세 소녀가 로마 신화의 저승의 신 플루토에서 이름을 따왔다. 모행성인 명왕성 크기의 절반이 넘어 명왕성과 함께 이중행성double-planet으로 불리기도 했던 명왕성의 가장 큰 위성 카론 역시 모행성이 죽음의 세계를 관장하는 신의 이름을 따른 데서 착안해 죽음의 강에서 일하는 뱃사공 이름이 붙여졌다.

태양에서 무려 평균 59억 1,000만km 떨어진 어둡고 추운 얼음 천체 명왕성은 실제로 인간들에게 버림을 받은 어둡고 씁쓸한 과거를 갖고 있다. '수금지화목토천해명'. 그때는 맞고 지금은 틀리다. 태양계 행성의 이름과 순서를 가리키는 이 축약어는 2006년을 기준으로 그 이전은 맞았지만 그 이후는 마지막 '명冥'이 빠진 '수금지화목토천해'가 맞다.

명왕성을 왕따?시키는 소위 태양계 구조조정은 2006년 8월 국제천문연맹IAU 총회에서 일어난다. 당시 IAU는 태양계 행성을 기존 9개에서 명왕성을 뺀 8개 행성으로 새로 규정하는 행성 정의 결의안을 60%의 지지로 채택했다. 이로써 1930년 미국인 클라이드 톰보가 발견한 명왕성은 76년만에 행성 자격을 잃고 왜소행성 왜행성 · Dwarf Planet '134340'이라는 숫자로 불리는 신세로 전락했다. 세계적인 인기 아이돌 그룹 방탄소년단BTS은 이별의 순간을 행성 자격을 박탈당한 명왕성에 비유한 곡 〈134340〉을 2018년 발표하기도 했다.

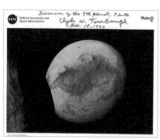

천문학자 클라이드 톰보가 발견한 명왕성

인류가 20세기에 찾아낸 유일한 태양계 행성이었던 명왕성이 이처럼 태양계 행성군에서 불명예 퇴직을 하게 된 건 왜일까. IAU가 논란 끝에 행성의 정의를 새롭게 하면서다. △'태양을 중심으로 하는 공전 궤도를 가질 것' △'원형의 형태를 유지할 수 있는 중력을 가질 수 있도록 질량이 충분할 것'이라는 기존의 정의에 △'자신의 공전 궤도 내 천체에서 지배적인 위치를 차지해야 할 것'이라는 새로운 조건을 추가했기 때문이다. 즉 '자신이 속한 공전 궤도에서 다른 천체를 위성으로 가질 정도로 중력이 세고 가장 큰 구형 천체만 태양계 행성이 될 수 있다.'는 얘기였다.

명왕성은 1930년 발견 이래 행성으로서의 그 자격을 두고 논란이 계속 있어 왔다. 수성, 금성, 지구, 화성과 같이 표면이 암석으로 이뤄진 '지구형암석형' 행성과 목성, 토성, 천왕성, 해왕성처럼 가스층으로 덮힌 '목성형가스형' 행성과 달리 명왕성은 지금까지의 관측 결과 대부분이 얼음산소와 메탄 가스으로 이뤄져 행성으로 보기에 부족했기 때문이다.

또 지구의 위성인 달 지름의 3분의 2에 해당하는 지름을 가진 명왕성은 궤도가 타원에 가까워 공전주기 약 248년 중에 20년을 해왕성 궤도 안쪽에서 진행했고 자신이 속한 '카이퍼 벨트Kuiper Belt · 해왕성 궤도 바깥쪽에서 태양의 주위를 도는 작은 천체들의 집합체'에서 상당한 크기의 천체가 계속 발견돼 행성 지위가 좌불안석이었다.

이런 와중에 비슷한 공전 궤도에서 명왕성보다 질량과 지름이 큰 것으로 인정되는 '에리스Eris'라는 왜행성이 2005년에 발견되면서 명왕성의 퇴출 명분은 보다 분명해졌다. 만약 명왕성의 행성 자격을 유지하면 에리스를 10번째 행성으로 인정해야 하고 이후에도 행성은 계속 추가될 가능성이 생기기 때문에 결국 명왕성 퇴출이 결정됐다.

그런데 에리스처럼 멀리 떨어진 천체의 정확한 지름을 구하기는 쉽지 않아 2005년 발견 직후 허블 우주 망원경 측정 결과 지름이 2,397Km로 명왕성보다 약간 더 큰 지름을 가졌던 에리스는 이후 이어진 정밀관측에서 처음 관측값보다 조금 더 작은 수치의 지름을 얻은 것으로 알려졌다. 반면 명왕성은 이후 인류 최초의 명왕성 탐사선인 뉴호라이즌스호 탐사 결과 기존보다 80km가량 더 긴 2,370km 안팎이라고 밝혀졌다. 명왕성으로서는 억울할 수도 있겠지만 지름은 비슷하다 쳐도 에리스의 질량이 명왕성에 비해 약 27% 더 크기 때문에 명왕성만 행성으로 인정하기엔 에리스가 더 억울한 상황이 발생할 수도 있는 쉽지 않은 문제다.

명왕성의 퇴출에 가장 반대가 심했던 나라는 단연코 미국이었다. 명왕성이 미국인이 발견한 유일한 행성이었기 때문이다. 자존심이 상한 미국 항공우주국NASA은 2006년 1월 명왕성을 탐사하기 위해 뉴호라이즌스호를 발사했다. 1초에 14km씩 쉬지 않고 날아 9년 6개월만인 2015년 7월 14일 지구에서 56억km 떨어진 명왕성에 최근접한 뉴호라이즌스호는 한때 태양에서 가장 멀리 떨어진 춥고 어두운 행성이었던 명왕성의 사진을 찍어 지구로 보내오기도 했다.

CHAPTER 5

알아 두면 쓸모 있는 **4차 산업혁명** 상식

40. 얼굴 인식에 담긴 과학의 원리

안면인식 프로그램 vs 안면실인증

2011년 8월 4일 영국 런던 북부 토트넘. 경찰의 총에 맞아 흑인 청년 마크 더건이 숨졌다. 이 사건은 폭동으로 비화됐다. 8월 6일 시위가 시작된 이래 런던 중심가 등 20여 곳에서 폭력과 약탈, 방화가 동시 다발적으로 발생하고 영국 제2의 도시인 버밍엄, 항구도시 리버풀과 브리스틀 등 다른 도시로까지 빠르게 확산됐다. 이탈리아 토스카나에서 휴가를 즐기던 당시 데이비드 캐머런 총리가 급히 귀국해 대책 점검을 위한 각료회의를 소집해야만 했을 정도로 상황은 나빴다.

그동안 누적된 사회 불만에 흑인 청년의 죽음이 기름을 부었고 일부에서는 내각 퇴진 등의 구호를 외치기도 했으나, 경찰의 진압으로 8월 10일부터 폭동의 기세는 사그라들었다. 이후 런던 경찰국은 폭동 기간 중 불법 행위자들을 색출해내기 위해 시내 곳곳의 폐쇄회로TV 영상에서 약 4,000개의 사진을 추출해 안면인식 프로그램을 가동시켰다. 하지만 프로그램의 성능은 신통치 못해 단 한 명의 용의자만 구별해냈다. 반면 개리 콜린스라는 경찰관은 혼자 180명의 용의자를 찾아내는 놀라운 실력을 발휘했다. 컴퓨터보다 콜린스의 안면인식 능력이 180배 뛰어난 셈이었던 것이다.

개리 콜린스와 정반대되는 사람들도 있다. 할리우드 스타 브래드 피트는 2014년 한 잡지와의 인터뷰에서 자신이 사람의 얼굴을 잘 기억하지 못하는 안면실인증prosopagnosia을 앓고 있다고 고백해 화제를 모았다. 그는 당시 인터뷰에서 "이 때문에 주위 사람들에게 오해를 많이 산다."고 털어놓았다. 이어 "안면실인증 때문에 사람들이 내가 그들을 모욕한다고 생각한다."며 "예전엔 '우리가 어디서 만났는지 말해 달라'고 묻기도 했는데, 그러면 사람들이 더 불쾌해했다."고 고백했다.

《이상한 나라의 앨리스》를 쓴 영국 동화 작가 겸 수학자인 루이스 캐럴Lewis Carroll도 안면실인증을 앓았다고 한다. 루이스 캐럴은 어제 런던에서 함께 식사를 한 사람들의 얼굴도 알아보지 못해 마치 초면인 것처럼 대했다고 한다. 그는 이런 이유로 얼굴을 정지된 시간 속에 담을 수 있는 사진에 많은 관심을 보였다고 한다.

영국 동화 작가 루이스 캐럴

안면실인증은 무엇인가?

이런 안면실인증이라는 용어를 처음 사용한 사람은 독일 신경과 의사 요아힘 보다머Joachim Bodamer다. 2차 세계대전 당시 머리에 총상을 입은 뒤로 다른 사람의 얼굴을 인지하지 못하는 한 군인의 사례를 보고하면서 만들어낸 용어다. 이 군인은 얼굴의 모습이 아닌 다른 특징들을 통해

독일 신경학자 요아힘 보다머

사람들을 구분할 수 있었다. 전체적 이미지, 말투, 걸음걸이, 체형, 성격 등을 기억해 다른 사람을 기억하는 식이었다. 얼굴로는 가족이나 친한 친구 심지어는 본인도 알아보지 못했다. 정도의 차이는 있지만 우리 주변에도 타인들의 얼굴을 유독 기억 못하는 사람들이 있다. 비단 영업직에 종사하는 사람들이 아니더라도 사회생활에 불리한 요소임에는 분명하다.

하지만 그 수준이 단순한 불편 정도가 아니라면 어떨까. 가령 임종을 앞둔 억만장자의 할아버지가 갑자기 자식들의 얼굴을 전혀 기억 못하는 상태가 된다면 어떻게 될까. 자녀들이 순식간에 수십 명이 생겨나고 그 가짜 자녀들은 자신들에게 유리하게 유언장을 고치려고 혈안이 될 것이다. 극단적인 예 같지만 실제 이런 사람들이 있다. 우리가 흔히 안면인식 장애라고 부르는 안면실인증 환자들이 바로 그들이다.

미국의 저명한 뇌신경학자로 뉴욕 대학교 의과대학 신경학과 교수를 지낸 올리버 색스Oliver Sacks도 안면실인증 환자였다. 올리버 색스는 거울에 비친 자신의 얼굴을 못 알아보기도 했고 심지어 자신의 아내를 모자로 착각하기도 했다. 《아내를 모자로 착각한 남자》의

미국 뇌신경학자 올리버 색스

저자가 바로 이 올리버 색스다. 색스 박사는 모임을 주최할 때마다 사람들에게 이름표를 달게 하는 방법으로 사람들을 구분했다고 한다.

보통의 사람들은 적게는 5,000명에서 많게는 1만여 명까지의 얼굴을 구분할 수 있다고 한다. 사람은 동물과 달리 서로의 얼굴에서 나이, 건강 상태, 성별, 표정을 통한 감정 등 많은 정보를 얻는다. 세계 어느 나라에서도 수많은 타인을 구별할 때 얼굴 외의 다른 신체 부위를 보고 그 사람을 알아보지는 않는다. 그만큼 얼굴은 중요하다.

안면실인증은 선천적인 경우도 있지만 대부분 두뇌의 얼굴을 판단하는 특정 부분의 손상에 의해 후천적으로 발생한다. 뇌에서 일반 사물을 인지하는 부분과 사람을 인지하는 부분은 다르다. 얼굴 인지는 다른 인지와 과정 역시 다르다. 사물이나 단어는 구성 요소들의 합으로써 분석적으로 받아들이는 반면 얼굴은 전체를 한번에 받아들인다. 대개의 경우 우리는 어떤 사람의 코, 눈, 턱만으로 특정 사람을 판별해내지 못한다.

그렇다면 과연 사람의 얼굴을 구분할 때 뇌의 어떤 부분이 어떻게 작동할까. 미국의 심리학자인 마르다 파라Martha Farah 교수가 71명의 안면실인증 환자를 대상으로 연구한 결과가 있다. 연구결과에 따르면 뇌의 좌우반구 양측에 손상이 있는 환자가 46명65%이었고 오른쪽 뇌에만 손상이 잇는 환자는 21명29%이었다. 왼쪽 뇌만 손상이 있는 경우는 4명6%에 불과했다. 안면실인증 환자 대부분은 측두엽temporal lobe과 후두엽occipital lobe이라는 부분에 손상을 입은 것으로 나타났다.

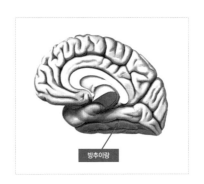

방추이랑

이후의 연구들에 따르면 사람이 얼굴을 인식하는 데 특히 중요한 역할을 하는 영역은 측두엽으로 확인됐다. 측두엽에 위치한 방추이랑fusiform gyrus이라는 부분이 강하게 활성화되면서 헤모글로빈의 농도가 변화됐다. 눈의 망막을 통해 들어온 시각 정보가 후두엽에서 분석 과정을 거쳐 방추이랑이라는 곳에서 인식을 하게 되는데 이 영역이 손상되면 안면실인증이 되는 것이다. 방추이랑은 결국 일종의 얼굴 정보 처리소인 셈이다.

미국 하버드 대학교 안면인식장애 연구센터의 연구 결과에 따르면, 미국인의 약 2%가 안면인식에 문제를 가지고 있다고 하지만 현재로선 특별한 치료법은 없다. 다만 4차 산업혁명 시대는 안면실인증을 가진 사람들에게도 일종의 희망을 주고 있다. 최근 최신 스마트폰들에 속속 탑재되고 있는 3D 안면인식 기술은 방추이랑의 역할을 호시탐탐 넘보고 있는 핫한 기술이다.

41. 배터리도 딱딱함도 없는 '소프트 로봇'의 세계

바다의 천재, 문어

2010년 남아공 월드컵. 독일산 문어 '파울Paul'은 독일 축구 대표팀이 치른 7경기의 승패를 모두 맞추는 신기의 능력을 발휘했다. '족집게 점쟁이 문어'로 전 세계 언론에 소개되며 세계적 명성을 얻었다. 당시 파울의 신통한 예측력이 알려지면서 파울이 승리할 것이라고 예측한 팀에 돈을 거는 내기가 성행하기도 했다. 월드컵이 끝난 후 스페인의 한 동물원이 독일에 파울을 팔 것을 권유했지만 독일은 이를 거부했다.

문어는 바다의 천재로 불리는 매우 똑똑한 동물이다. 뇌의 크기는 인간의 600분의 1에 불과할 정도로 작지만 인간보다 유전자가 1만 개가 더 많은 복잡한 뇌를 가졌다. 동물학자들은 문어의 지능이 강아지와 비슷한 수준이라고 추정한다. 문어는 무척추동물 중 유일하게 도구를 사용할 줄 아는 동물이다. 문어는 척추동물과는 약 5억 년 전에 갈라져 나왔을 만큼 인간과는 아주 거리가 먼 동물이지만 놀라울 정도로 사람과 비슷한 행동을 한다. 비단 축구 경기 결과 예측뿐 아니라 수족관의 닫힌 문을 열고 탈출하고 장난감을 갖고 놀며 생쥐 수준의 미로 학습능력도

문어

보여준다.

자신에게 잘 대해 준 사람과 괄시하는 사람도 구분할 줄 안다. 다른 동물을 흉내 내고 주변 환경에 맞춰 피부색과 무늬도 자유자재로 바꾼다. 문어가 외계에서 온 지적 생명체가 아니냐는 우스갯소리 같은 주장이 종종 나오는 이유다. 문어가 이처럼 작은 두뇌로 웬만한 척추동물 못지않은 지능을 갖고 있는 것은 그의 분산 구조 덕분이다. 뇌의 지시 없이도 8개의 다리 각각이 주변 환경에 맞춰 스스로 독자적인 판단을 해 자율적으로 움직인다. 문어가 지닌 뉴런신경세포 5억 개 가운데 3억 5,000만 개 이상이 8개의 다리에 분포하기 때문에 가능한 일이다. 다리에서 정보를 처리함으로써 마치 병렬 컴퓨터처럼 생각과 반응을 더욱 빨리 할 수 있는 것이다.

문어 로봇의 탄생

로봇공학자인 체칠리아 라스키Cecilia Laschi 이탈리아 산타나고등연구소 교수는 문어의 이 같은 능력에 착안해 2009년 분산 통제 시스템을 가진 '문어 로봇Octo-bot'을 개발했다. 이것은 소프트 로봇Soft robot의 시초로 평가받는다. 그가 개발한 문어 로봇은 문어 다리처럼 이리저리 자유롭게 움직이며 물체를 휘감는다. 8개의 다리를 유연하게 움직이며 좁은 통로도 쉽게 빠져 나간다. 기존 금속성의 딱딱한 로봇에서는 상상할 수 없

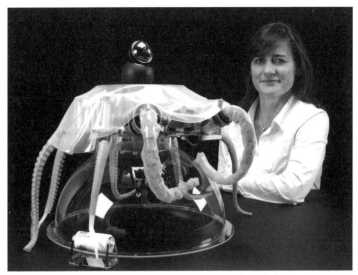

로봇 공학자 체칠리아 라스키와 문어 로봇(출처 : Altas of the Future)

는 모습이다. 실제 라스키 교수는 자신의 아버지에게 부탁해 문어를 잡은 후 그 움직임을 관찰하며 로봇을 만들었다고 한다.

딱딱한 금속이 아닌 고무나 실리콘 등 유연하고 말랑말랑한 소재로 만든 로봇을 소프트 로봇이라고 한다. 소프트 로봇은 비교적 단순한 기능을 수행하지만 강철로 만들어진 일반적인 로봇보다 움직임이 부드럽고 외부 충격에 강해 여러 척박한 환경에서 의료, 탐사, 구조 등의 목적으로 활용될 수 있다. 예를 들어 구불구불한 인체 장기를 통과해 목표 지점까지 도달해야 하는 의료 로봇, 바닷속이나 우주 같은 척박한 환경 등에서 유연하게 움직이며 임무를 수행해야 하는 탐사 로봇, 재난 구조 현장에서 붕괴된 건물 잔해의 좁은 틈을 비집고 들어가야 하는 구조 로봇, 매끈한 계란을 깨뜨리지 않고 잘 집을 수 있는 가사 도우미 로봇 등에서 소프트 로봇은 큰 힘을 발휘할 수 있다. 더 나아가 과학자들은 생김새나 움직이는 원리가 실제 생명체들을 닮은 생체모방형 로봇도 부드

러운 소재를 사용해 소프트 로봇으로 만듦으로써 생물의 유연함까지 구사하는 시도를 하고 있다.

라스키 교수에 이어 2016년 미국 하버드 대학교 공대에서도 옥토봇 Octobot을 개발했다. 실리콘으로 만든 문어를 닮은 이 로봇은 배터리와 제어 장치까지도 모두 연성 재질로 만들면서 소프트 로봇의 새 지평을 열었다는 평가를 받았다. 옥토봇은 과산화수소가 백금에 닿으면 산소와 수증기로 분해되는 성질을 이용한다. 전기에너지를 쓰지 않고 화학작용을 동력으로 한다. 화학반응을 통해 몸체에 달린 촉수를 풍선처럼 팽창시키면서 움직이는 방식이다.

소프트 로봇들의 탄생

같은 해 서강·하버드 질병바이오물리연구센터 국제공동연구진은 쥐의 심근세포를 활용해 동력 없이도 움직일 수 있는 가오리 로봇을 만들기도 했다. 연구진은 쥐의 심장 근육을 구성하고 있는 심근세포에 전기 자극을 가하면 가오리 지느러미처럼 근육이 수축하는 사실에 착안해 가오리 로봇을 만들었다. 연구진은 쥐의 심근세포를 전기 자극 대신 빛에 반응할 수 있도록 유전자를 변형했다. 이 결과 빛을 주고 거두는 과정을 반복하면 가오리 로봇은 수축과 이완을 통해 이동할 수 있게 되는 것이다. 이는 생체조직과 무기물의 결합으로 전기 없이 움직일 수 있는 세계 최초의 바이오 하이브리드 로봇으로 기록됐다. 양쪽 지느러미에 빛의 양을 달리하면 수축·이완 운동을 조절할 수 있어 방향까지 전환할 수 있다.

가오리 로봇이 소개된 과학지
《사이언스》

또 2020년엔 미국에서 지렁이처럼 흙 속을 기어 다니며 땅을 파는 소프트 로봇, 치타에서 영감을 얻은 가장 빠른 소프트 로봇 등의 소프트 로봇이 개발되면서 화제를 모았다. 이 밖에 전 세계적으로 손을 사용할 수 없는 환자들의 손가락 움직임을 돕기 위해 사용되는 소프트 글러브, 자기장을 이용한 지렁이 로봇, 먹을 수 있는 소프트 로봇 등 소프트 로봇에 대한 연구가 다각도로 활발히 진행되면서 어느새 소프트 로봇은 로봇의 새로운 패러다임으로 급부상하고 있다. 최근에는 3D 프린팅 기술의 발전과 맞물려 소프트 로봇 제작에 3D 프린터를 사용하는 시도가 활발해지면서 시간과 비용도 점차 줄어들고 있다.

42. 자연에 최적화된 생명체와 로봇이 만나면?

어린 왕자와 사막여우

"만약 네가 오후 4시에 온다면 난 3시부터 행복해지기 시작할 거야. 시간이 갈수록 나는 점점 더 행복해지겠지. 4시가 되면 난 벌써 흥분해서 안절부절못할 거야. 그래서 행복이 얼마나 값진 것인가를 알게 되겠지."

프랑스 소설가 생텍쥐페리의 유명한 소설《어린 왕자》에서 사막여우가 어린왕자에게 길들임에 대해 설명하며 들려주는 얘기다. 생텍쥐페리가 지난날 어린이였던 어른들을 위해 쓴 이 동화는 세상에 지칠 대로 지

◀◀ 프랑스 소설가 생텍쥐페리

◀ 생텍쥐페리의《어린 왕자》초판본(1943)

친 어른들에게 언제나 잠깐의 휴식처 같은 공간을 제공해 줌으로써 전 세계에서 여전히 사랑받는 작품이다. 어린왕자의 친구로 어린왕자에게 특별한 존재의 소중함을 가르쳐 주는 사막여우는 작고 귀여운 외모로 인한 무분별한 남획과 밀수로 세계자연보존연맹IUCN의 적색목록Red list 에 등재된 국제 멸종위기 동물이다.

아프리카와 아시아의 사막 지역에서 주로 사는 사막여우는 어떻게 척박한 사막 환경에 적응하며 살 수 있을까. 사막여우의 몸길이는 40~45cm 정도고 무게는 1~2kg다. 그런데 이런 작은 체구에 비해 지나치게 큰 귀를 갖고 있는 것이 사막여우의 가장 큰 특징이다. 사막여우는 뜨거운 사막에서 살아가는 만큼 많은 열을 몸 밖으로 내보내야 하는데 얇고 큰 귀는 열을 바깥으로 잘 내보낼 수 있기 때문이다. 또 이렇게 큰 귀를 이용해 천적이나 먹잇감의 소리를 멀리서도 잘 들을 수 있다.

사막여우는 더위와 추위를 완벽하게 견딜 수 있는 뛰어난 환경 적응력도 갖고 있다. 이는 사막여우가 털을 갖고 있기 때문이다. 일교차가 심한 사막에서 생존하기 위해 발달한 풍성한 털은 낮에는 열을 반사하고 밤에는 추위를 막아 사막여우의 체온 조절을 도와준다. 사막의 모래바람도 막아 준다.

사막여우는 발바닥에도 털이 나 있는데 그 덕분에 모래가 많은 사막에서도 발이 모래에 빠지지 않고 자유롭게 돌아다닐 수 있다. 사막여우는 모래를 파는 능력이 뛰어나고 실제 자주 모래를 파는 습성도 있다. 이는 땅속에 사는 먹잇감인 작은 동물이나 곤충을 찾기 위한 행동이다. 또 사막여우는 모래를 파서 수분이 많은 땅속 식물의 뿌리를 찾아 먹음으로써 수분을 보충한다. 유독 뜨거운 날에는 땅속에 굴을 만들어 더위를 피하기도 한다.

자연에 최적화된 생체모방형 로봇들

2만여 명의 사상자와 천문학적 재산 피해를 남긴 2011년 3월 일본 동북부 대지진. 당시 대재난의 한가운데에서 잔해 더미 깊숙한 곳에 숨겨진 생존자를 찾아내기 위해 출동한 특별구조대가 있었다. '스코프Scope'란 이름의 이 특별구조대는 일본 도호쿠 대학에서 개발한 뱀 모양의 탐사 로봇이었다. 전체 길이 약 65cm, 이동속도 82cm/s, 고해상도의 광 카메라를 머리에 탑재한 뱀 모양의 탐사로봇 '스코프'는 2007년 미국 잭슨빌에서 있었던 건물붕괴 사고 때도 잔해 속 7m 깊이까지 파고 들어가 매몰자들의 영상을 외부로 전송해 많은 생명을 살리기도 했다.

자연에서의 적응이라는 측면에서 지구상의 모든 생명체들은 자신의 환경에 최적화돼 있다. 바로 그 우수한 적응의 원리를 생명체에서 모방해 로봇의 동작을 획기적으로 개선시키려고 하는 연구는 '생체모방형 로봇Bio-mimetic Robot' 개발을 이끌고 있다. 뱀 로봇은 대표적인 생체모방형 로봇이다. 여러 개의 작은 모듈을 연결하는 형태를 통해 뱀처럼 좁은

생체모방형 박쥐 로봇

길을 갈 수도 있고 평지를 갈 때는 고리 모양으로 변신해 바퀴처럼 빠르게 굴러갈 수도 있다. 쉽게 말하자면 생체모방형 로봇이란 자연에서 아이디어를 얻어 진화한 로봇인 셈이다. 크고 작은 각종 동물은 물

2011년 후쿠시마 대지진에 사용된 생체모방형 뱀 로봇

론 식물까지 생체모방형 로봇의 모방 대상에 포함되며 이들 로봇들은 재난, 군사, 환경 등 다양한 분야에서 최적화된 능력을 발휘하고 있다.

생체모방형 로봇 중 지상 로봇의 경우 다리 수만으로 살펴봐도 다리가 4개인 포유류를 모방한 4족 로봇, 6개인 곤충 로봇, 8개인 거미 로봇, 그보다 더 많은 다리를 가진 지네류를 모방한 다족형 로봇 등 종류가 매우 다양하다. 이 같은 로봇들은 인간보다 빨리 달리고 무거운 짐을 운반하는 데 적합하기 때문에 각종 특수 상황에서 활용 범위를 넓혀가고 있는 중이다.

지상뿐만이 아니라 공중에서 활동하는 새나 곤충을 본뜬 생체모방형 로봇도 있다. 이때도 단순히 새의 생김새만을 따라한 것은 아니다. 새들이 몸을 띄울 때 깃털을 한곳에 모아 부력을 극대화하는 등의 날갯짓의 원리까지 모방해 로봇을 만든다. 공중 생활을 하는 포유류인 박쥐에서 아이디어를 얻은 박쥐 로봇도 활발히 연구되고 있는 분야다. 박쥐의 비행 패턴과 속도는 조류와 매우 다르다. 박쥐의 날개는 몹시 유연해 날개를 완전히 뒤집어 뒤로 젖힘으로써 전진하는 힘을 얻어 수직으로 상승한다. 크기가 실제 박쥐와 비슷하고 무게는 100g도 채 나가지 않는 박쥐 로봇은 비행 속도가 실제 박쥐와 비슷해 1초에 최고 6m 높이를 날 수 있다고 한다. 이런 공중 로봇들은 안전성과 소음 등에서 우수해 재난 현장이나 환경 감시에 활용될 수 있을 것으로 기대되고 있다.

수중 생물을 모방한 수중 로봇도 있다. 그 중에서 갑오징어의 유연한

지느러미 움직임을 모방한 갑오징어 로봇은 좌측에 9개, 우측에 9개의 핀이 위아래로 움직여 좌우 지느러미의 움직임을 독립적으로 제어할 수 있어 물속에서 자유로운 움직임이 가능하다. 뿐만 아니라 로봇의 눈에는 카메라가, 로봇의 머리에는 각종 센서들이 장착돼 있어 수심과 온도 등을 측정하고 실시간 영상을 사용자에게 전송할 수 있다. 수중 탐사 로봇 등 수중 로봇의 활용도 역시 점차 확대되고 있다.

43. 계산기도 없던 시절 나온 인류 최초 프로그래머는?

영국 낭만파 시인 바이런과 그의 딸 에이다

"여기에 그의 유해가 묻혔도다. 그는 아름다움을 가졌으되 허영심이 없고 힘을 가졌으되 거만하지 않고 용기를 가졌으되 잔인하지 않고 인간의 모든 덕목을 가졌으되 그 악덕은 갖지 않았다. 이러한 칭찬이 인간의

영국 낭만파 시인 조지 고든 바이런

유해 위에 새겨진다면 의미 없는 아부가 되겠지만 1803년 5월 뉴펀들랜드에서 태어나 1808년 11월 18일 뉴스테드 애비에서 죽은 개 보우슨의 영전에 바치는 말로는 정당한 찬사이리라."

영국의 낭만파 시인 조지 고든 바이런George Gordon Byron이 자신의 개 보우슨이 죽었을 때 써 실제 개의 묘비에 새긴 〈어느 뉴펀들랜드 개의 묘비명〉이란 시의 전문이다. 묘비에는 이 시 아래에 좀 더 작은 글씨로 인간성

을 신랄하게 풍자하는 긴 시가 적혀 있는데 거기에선 인간을 가리켜 "시간의 차용자"라는 표현을 사용하기도 한다. 영원히 살 것처럼 오만하게 행동하는 인간을 비판하기 위한 표현이다. 그러면서 마지막은 "내 생애 진정한 친구는 단 하나였고, 여기에 그가 묻혀 있도다."로 마무리짓는다. 아무리 자신이 아끼던 애견이 죽었다한들 그 애견을 위해 이렇게까지 낭만적인 시를 바친 시인이 또 있을까. 하지만 그는 내면의 충동적인 기질을 주체하지 못하고 평생 제멋대로의 삶을 살다 그리스에서 허무하게 인생을 마무리한다. 그런데 최악의 아버지는 최선의 딸을 낳았다. 그의 딸은 다행히 아버지의 나쁜 기질을 물려받지 않고 인류 과학사에 빛나는 업적을 남겼다.

에이다 러브레이스Ada Lovelace. 다소 생소한 이름일 수도 있지만 공과대학 출신이거나 공대 재학생들은 모르면 간첩 취급 받는 인물이다. 에이다 러브레이스는 바로 세계 최초 컴퓨터 프로그래머의 이름이다. 영국 중앙은행은 2018년 11월 고액권인 50파운드 신권 발행 계획을 밝히며 지폐 뒷면에 새로 들어갈 인물로 과학자를 추천받았다. 영국 중앙은행은 이미 작고한 인물로 영국 과학 발전에 공헌한 인물이라는 기준을 만족한 사람 11만 4,000명 중에 800명을 1차 후보로 추렸다. 에이다 러브레이스는 컴퓨터 과학의 아버지로 불리는 수학자 앨런 튜링, 전화기를 발명한 알렉산더 그레이엄 벨, 천문학자이자 작가인 패트릭 무어, 휠체어 위의 이론 물리학자 스티븐 호킹 박사, 페니실린을 발견한 알렉산더 플레밍 등과 함께 이 명단에 이름을 올렸다.

앨런 튜링이 결국 새 지폐의 얼굴로 최종 선정됐지만 쟁쟁한 과학자들과 함께 유력 후보군에 들었다는 사실만으로도 영국에서 에이다의 명성을 다시금 확인할 수 있는 기회였다. 컴퓨터 없는 삶을 상상할 수 없을 정도로 우리 삶의 큰 부분을 차지하는 컴퓨터와 이 컴퓨터를 사용할 수 있게 하는 프로그램 언어. 에이다는 컴퓨터 프로그램 언어의 기본 개념을 계산기조차 개발되기 전 이미 최초로 정리했던 사람이다.

에이다는 1815년 영국의 낭만파 시인 조지 고든 바이런의 딸로 태어났다. 에이다의 아버지 바이런은 타고난 바람둥이 기질로 에이다 생후 1개월만에 에이다 어머니와 갈라서고 방탕한 생활을 지속하다 에이다가 8세 되던 해 객사했다. 이에 에이다의 어머니는 에이다가 아버지인 바이런의 그런 기질을 닮을까 봐 일부러 문학을 멀리하게 하고 수학과 과학에 저명한 학자들을 가정교사로 붙여 그것들에 몰두하게 했다.

세계 최초 프로그래머, 에이다

에이다 역시 수학에 재능을 보이며 성장해 가던 중 18세 되던 해 당대 수학과 과학에서 두각을 나타내던 스승 찰스 배비지를 만나는 행운을 얻게 된다. 에이다는 당시 차분 기관기계식 계산기 연구에 몰두하던 찰스 배비지의 연구를 돕게 되고 그의 신임을 얻어 여러 중요한 서적의 번역까지 맡게 된다.

특히 배비지는 자신의 차분 기관 연구 결과를 잘 정리한 프랑스어 논문 번역을 에이다에게 부탁했고 에이다는 차분 기관에 대한 소견과 해석, 예측까지 잘 담아낸 두 권의 책을 집필했다. 이를 처음 대한 배비지는 "나보다 내 차분 기관을 더 잘 알고 있다."라는 최고의 찬사를 보내기도 했다.

당시 에이다가 발간한 책 중《찰스

알프레드 에드워드 챌런의 〈에이다 러브레이스〉(1840)

배비지의 해석기관에 대한 분석》에는 배비지를 넘어 에이다 본인의 해석과 예견들이 상당 부분 포함돼 있었다. 특히 에이다는 현재 컴퓨터 프로그래밍 언어의 주요 개념이기도 한 계산이 반복되도록 하는 '루프loop', 필요할 때마다 공식을 다시 사용하는 '서브루틴subroutine', 구문을 건너 뛰어 실행하는 '점프jump', 조건식이 달린 구문인 'if' 등 당대에서는 원리와 개념이 전혀 없었던 새로운 것들에 대한 해석을 담아내는 천재성을 발휘했다.

더욱이 그녀는 또 다른 책에서 현재의 '알고리즘' 개념까지 담아냈다. 하지만 시대는 천재를 알아보지 못했고 그녀는 우울증과 도박 중독이라는 마음의 병도 모자라 자궁암까지 발병하면서 아버지와 같은 36세에 짧은 생을 마감한다. 호사가들은 바이런 부녀를 가리켜 '아버지는 마음의 프로그래머이고 딸은 기계의 시인이다.'라고 일컫기도 했다. 에이다 본인은 스스로를 '시적인 과학자poetical scientist'로 소개했다고 한다.

에이다의 시대를 앞선 개념은 그녀의 사후 약 100년 후인 1950년대 컴퓨터와 프로그래밍 등의 개념이 활발해지고 나서야 비로소 서서히 빛을 보기 시작했다. 1970년대 후반 미국 국방부는 당시 군이 사용하던 수백 개의 컴퓨터 프로그래밍 언어를 대체하기 위해 고차원의 프로그래밍 언어를 개발했다. 잭 쿠퍼 미국 해군 사령관이 러브레이스를 기리기 위해 이 언어의 이름을 '에이다ADA'로 제안했고 미국 국방부는 1980년 12월 10일에이다의 생일 ADA를 승인했다. ADA는 오늘날에도 항공, 의료, 운송, 금융, 우주 산업 등 다양한 곳에서 활용되고 있다. 2012년 12월 10일에는 에이다 러브레이스 탄생 197년을 기념하는 구글 두들이 헌정됐으며 영국 컴퓨터 협회British Computer Society는 매년 그녀의 이름을 딴 메달을 수여하기도 한다.

44. 렘브란트 사후 350년 뒤에 새 작품이 탄생했다?

빛의 화가 렘브란트 반 레인

'빛을 훔친 화가', '빛과 어둠의 마술사'로 불릴 정도로 작품에 빛과 어두움을 활용하는 능력이 탁월했던 '렘브란트 반 레인Rembrandt Harmenszoon van Rijn'은 자화상을 많이 남긴 화가로도 유명하다. 사망한 해인 1669년에도 자화상을 남기는 등 평생 약 100점에 달하는 자화상을 그렸다. 그의 초상화와 자화상엔 인물의 개성과 심리가 매우 잘 표현돼 있는 것으로 평가받는다. 특히 그의 100점에 달하는 자화상에서는 세월이 흐르고 나이를 먹어감에 따라 확연히 변하는 그의 얼굴 표정 변화를 볼 수 있어 그의 삶의 굴곡을 짐작해 볼 수 있을 정도다.

네덜란드 레이던Leiden에서 제분업자의 9남으로 태어난 렘브란트는 일

렘브란트 반 레인의 초상화

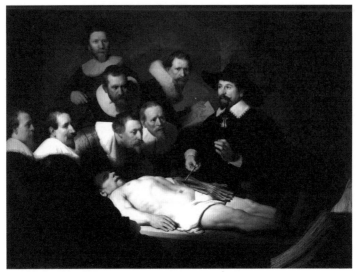
렘브란트의 〈니콜라스 튈프 박사의 해부학 강의〉(1632)

찌감치 예술에 두각을 나타냈다. 아버지의 희망대로 라틴어 학교를 거쳐 라틴어 대학에 들어갔으나 수개월만에 화가를 지망해 자퇴하고 미술을 배우기 시작했고, 빛과 그림자의 강한 대비를 통해 인물에 대한 극적인 묘사를 하는 초상화로써 점차 명성을 쌓아갔다. 명문가의 딸이었던 사스키아와 결혼했고 초상화가로서의 명성이 높아 많은 작품 의뢰를 받았으며 제자들도 많았다. 결혼을 전후해 약 10년이 그의 인생의 전성기였다.

하지만 렘브란트 자신의 화풍이 성숙하면서 점차 내면을 표현하고자 하는 욕구가 강해졌고 종교적·신화적인 소재의 그림을 그리거나 자화상이 많아지기 시작했고 이때부터 세속적인 성공에서도 멀어지게 됐다. 그러다 아내 사스키아가 죽게 되면서 경제적 부담이 커지고 당시 미술품 수집가들이 밝고 화사한 그림을 선호하며 인기가 급격히 떨어졌다. 다행히 두 번째 아내 헨드리키의 내조를 받아 작품세계가 더욱 발전을 거듭하고 명작들을 남기면서 명성을 회복했지만 렘브란트의 지나치게 사치스러운 생활은 그를 파멸로 몰고 갔다.

생활이 갈수록 어려워져 1656년에 파산선고를 받고 그나마 갖고 있었던 저택과 미술품마저도 모두 팔아야 했던 것이다. 이후 1662년 헨드리키도 죽고 1668년 아들마저 눈을 감자 쓸쓸한 노후를 보내다 1669년 유대인 구역의 허름한 집에서 세상과 작별했다. 이처럼 초년, 중년, 말년의 인생이 다이내믹했던 렘브란트의 삶은 유독 자화상을 많이 그렸던 그의 취향 덕분에 그림 속에 고스란히 남아 있다.

렘브란트의 부활

17세기 네덜란드 황금기를 대표하는 화가 렘브란트가 2016년 기적적으로 부활했다. 2016년 그의 새 그림이 공개됐기 때문이다. 2016년은 그가 죽고 나서 347년이 흐른 시간이다. 그가 유령이 돼서 나타나기라도 한 걸까. 어떻게 이런 일이 가능했을까. 렘브란트를 부활시킨 것은 이른바 '더 넥스트 렘브란트The Next Rembrandt' 프로젝트였다. 마이크로소프트, ING 은행 등이 참여한 당시 이 프로젝트엔 데이터 과학자, 소프트웨어 개발자, 미술사학자가 총 동원됐다. 프로젝트 참가자들은 먼저 렘브란트의 작품 340여 점을 1억 4,800만 화소로 나눠 정밀 측정해 빅데이터Big Data화한 뒤 이 데이터를 '딥러닝Deep learning' 기술을 활용해 인공지능AI을 학습시켰다.

여기에 3D 프린터와 안면인식 기술, 빅데이터 분석 등 최신기술을 적용해 렘브란트가 자주 사용한 구도, 색채, 유화의 질감까지 구현함으로써 렘브란트를 다시 깨웠다. 3D 프린터로 만든 초상화 '넥스트 렘브란트'의 탄생기다. 다만 이 같은 시도에 대해 인간의 의식이 없는 AI가 만든 작품을 창작물로 볼 수 있느냐를 두고 여전히 찬반 논란은 뜨겁다.

더 넥스트 렘브란트 소개 이미지(출처 : 마이크로소프트)

　우리는 2019년 1월 기준 43억 명 이상이 인터넷을 이용하고 하루에 2.5퀸틸리언quintillion · 250경바이트의 새로운 데이터가 생성되는 세상에 살고 있다. 우리는 미처 우리가 감당할 수 없을 정도의 무한한 정보의 홍수 속에 살아가고 있다. 오늘날 정보통신기술ICT 분야의 최대 화두는 단연 빅데이터Big Data다. 빅데이터란 말 그대로 방대한 규모의 데이터를 말한다. 빅데이터를 통해 우리는 미래를 예측하고 그에 따라 다양한 가치들을 창출해 내고 있다.

　렘브란트의 신작을 만드는 일 뿐만이 아니다. 빅데이터는 이미 우리 삶 깊숙이 들어와 있다. 가장 쉽게 생각해 볼 수 있는, 교통 흐름을 파악해 최적의 경로를 알려주는 내비게이션이나 내가 관심 가질 만한 상품을 추천해 주는 쇼핑앱에는 모두 빅데이터 기술이 들어가 있다. 한때 '야신'으로 불리며 국내 프로야구계에 큰 반향을 불러 일으킨 김성근 일본 프로야구 소프트뱅크스 호크스 코치 고문은 철저히 '데이터 야구'를 신봉했다. 수많은 과거의 기록들을 분석한 자료들을 바탕으로 선수들을 기용한 그의 용병술이 바로 빅데이터라고 할 수 있다.

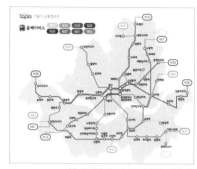

서울 올빼미 버스 노선도(출처 : 서울시)

공공 부문에서도 빅데이터는 활발히 활용되고 있다. 서울시는 빅데이터 분석을 통해 심야버스 노선을 최적화한 일명 '올빼미 버스'Owl bus로 국내외의 큰 관심을 끌기도 했다. 몇 년 전 서울시는 심야버스 노선을 마련하기 위해 국내 한 통신사와 협력했다. 해당 통신사에서 제공한 이동통신망 데이터 즉 심야시간 통화 기지국 위치와 청구지 주소 데이터 통계치를 이용했다. 그 데이터는 무려 30억 건이 넘은 것으로 알려졌다. 여기에 스마트 카드를 통해 택시 승하차 정보 데이터도 분석해 버스 노선을 최적화하고 배차 간격을 조정했다.

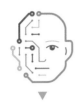

45 휴머노이드? 사이보그? 안드로이드?

사이보그의 탄생

때는 2028년. 난무하는 강력 범죄들에서 시민들을 보호하기 위해 완벽한 경찰이 필요한 미국 디트로이트. 치안을 위해 미국의 경찰을 로봇으로 대체하는 게 목표인 다국적 회사 옴니코프의 회장 레이몬드 측과 로봇이 인간과 같은 연민을 가질 수 없어 위험해 절대 허용할 수 없다는 정치권의 반대 의견이 팽팽하다. 그럼에도 레이몬드는 로봇 경찰화에 의욕을 보이고 인간의 모습을 한 로봇을 구현하기 위해 불의의 사고를 당한 경찰관의 로봇화를 꿈꾼다.

영화 〈로보캅〉의 포스터

이런 와중에 옴니코프 측은 범죄 조직 소탕에 나섰다가 큰 사고를 당한 경찰 알렉스 머피를 알게 되고 머

피의 부인인 클라라를 설득한
다. 클라라는 머피를 살리기 위
해 옴니코프 측의 제안을 받아
들인다. 최첨단 하이테크 수트
를 장착한 머피는 시행착오 끝
에 완벽한 히어로 로보캅으로
재탄생한다. 2014년 버전의 할
리우드 영화《로보캅RoboCop》
에서 주인공 로보캅이 만들어
지는 과정이다.

인류 최초 사이보그 닐 하비슨

"저는 머리에 안테나를 갖고
있는데 이것은 제가 현실 속에
서 색깔을 지각할 수 있는 한계
를 넘을 수 있도록 도와줍니다.
저는 이것을 통해 각종 색깔을 인지할 수 있죠."

2018년 3월 아랍에미리트UAE 두바이에서 열린 '세계정부정상회의
World Government Summit · WGS 2018'에서 연사로 나선 '인류 최초의 사이보
그cyborg' 닐 하비슨Neil Harbisson이 한 말이다. 선천적인 전소 색맹으로 태
어난 닐 하비슨은 색을 소리 파장으로 변환할 수 있는 아이보그Eyeborg
안테나를 뇌에 영구 이식함으로써 영국 정부가 인정한 인류 최초의 사
이보그 인간이 된 영국의 예술가다. 그는 안테나 이식을 통해 장애 극복
을 넘어 적외선부터 자외선까지 빛의 주파수를 감지할 수 있게 돼 인간
의 일반적인 능력을 훨씬 뛰어넘는 존재로 거듭났다.

사이보그란 로봇의 한 종류로 하비슨처럼 뇌 이외의 부분 즉 손발이나
장기 등을 교체해 해당 영역에서 뛰어난 능력을 발휘하는 일종의 개조인
간을 말한다. 영화 속 인물로는 로보캅이 바로 여기에 해당한다. 사이보

그와는 결이 조금 다른 개념이지만 인간과의 유사성을 기반으로 한 로봇의 종류에는 휴머노이드humanoid · 인간형 로봇, 안드로이드android도 있다.

휴머노이드 혹은 안드로이드

휴머노이드는 '인간형 로봇'을 총칭하는 말로 사람처럼 두 팔과 두 다리를 갖고 인간과 비슷한 인식과 운동 기능을 구현하는 로봇이다. 안드로이드는 휴머노이드 로봇의 하위 개념으로 인간과 구별할 수 없을 정도로 사람과 거의 똑같은 로봇이다. 외모는 물론 동작이나 지능까지도 인간과 다를 바 없어야 한다. 아직 현실에서는 구현되기 어려운 로봇이다. 영화 〈에이 아이AI〉에서 가족의 품을 찾아가는 주인공 꼬마 로봇이 안드로이드다. 또 영화 〈블레이드 러너〉나 〈터미네이터〉에 나오는 인조인간들도 안드로이드라고 할 수 있다.

로봇이 꼭 인간의 외모를 닮을 필요는 없다. 거실을 돌아다니는 로봇 청소기나 산업 현장에서 제조용으로 쓰이는 로봇들만 봐도 인간의 모

▼ 영화 〈AI〉 포스터　　　▼ 영화 〈블레이드 러너〉 포스터　　　▼ 영화 〈터미네이터〉 포스터

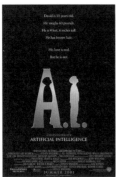  

습은 전혀 찾아 볼 수 없다. 실제 로봇의 사전적 의미를 찾아 보면 로봇은 '인간과 비슷한 형태를 가지고 걷기도 하고 말도 하는 기계 장치' 또는 '어떤 작업이나 조작을 자동적으로 하는 기계 장치'를 가리킨다. 여기서 앞 부분의 정의가 바로 휴머노이드 로봇에 대한 것으로 볼 수 있다. 일단 휴머노이드 로봇은 가장 기본적으로 인간처럼 직립보행이족보행을 하고 몸체를 자유자재로 움직일 수 있어야 한다. 그러기 위해선 몇 가지 기술이 필요하다.

먼저 자유도Degrees of Freedom라는 개념이 있다. 자유도란 주어진 조건에서 자유롭게 움직일 수 있는 정도를 가리키며 그 숫자가 높을수록 움직임이 자유롭기 때문에 그만큼 세밀하고 정확한 임무를 수행할 수 있다. 3자유도라고 하면 3차원 직각 좌표계에서 X축을 중심으로 좌우 회전, Y축을 중심으로 전후 회전, Z축을 중심으로 상하 회전 동작을 할 수 있음을 의미한다. 자유도에 따라 각 관절에 배치되는 모터의 개수가 달라진다. 어떤 목적으로 로봇을 제작할지에 따라 설계 단계에서 자유도가 결정되기 마련이다.

휴머노이드 로봇의 직립 보행을 위해선 ZMPZero Moment Point라는 기술도 필요하다. ZMP란 로봇의 무게 중심에 작용하는 모든 모멘트의 합이 '0'이 되는 지점을 의미한다. ZMP가 로봇의 두 다리 안쪽 범위에 위치하지 않고 두 다리 바깥에 있다면 로봇은 넘어질 수 밖에 없다. 로봇에 ZMP를 제어하는 프로그램을 설치하면 로봇 스스로 중력과 관성력을 계산해 발바닥을 딛는 위치와 속도 등을 최적화할 수 있다. 휴머노이드 로봇이 인간을 대신해 제대로 된 역할을 하려면 이처럼 단순히 걷고 움직이는 기술 이외에도 각종 첨단 센서 기술이 들어가야 함은 물론이다.

46. 포도 사라져도 와인 마신다…
4차산업, 먹거리에 어떤 변화?

🔍

자연과 물이 만든 축복, 와인 ✨

"와인이나 맥주를 섞지 않은 순수한 물은 영국인들의 건강에 좋지 않습니다."

영국 석학 앤드류 부르드

16세기 영국의 석학 앤드류 부르드 Andrew Boorde는 자신의 책에서 이렇게 적었다. 중세 시대 유럽 도시들의 상수도는 더러웠다. 자연히 건강을 위협했다. 이런 상황에서 당시 와인은 살균제로서의 역할을 하는 필수 의약품 가운데 하나였다. 사람들은 음용할 수 있는 수준의 물을 만들기 위해 물에 와인을 섞어 마셨다. 도시에서 와인을 섞지 않고 순수한 물만 마시는 경우는 매우 드물었다.

와인은 인류의 역사와 오랫동안 함께해 왔다. 야생 포도가 아닌 재배된 포도나무의 씨앗이 이란 북부에서 발견됐고 이 씨앗은 약 9,000년 전의 것이라는 사실도 밝혀졌다. 오랜 역사만큼이나 와인은 유럽이나 서구 문화권을 넘어 지금은 전 세계인이 즐기는 음료로 자리매김했다. 국제와인기구OIV · International Organisation of Vine and Wine에 따르면 2020년 총 와인 생산량은 2억 5,800만 헥토리터hectolitre · 258억 리터다. 예전보다 와인을 즐기는 소비층이 넓어지면서 관련 시장도 확대일로에 있다.

이런 상황에서 와인 애호가들에겐 다소 슬픈 소식도 있다. 국가기후변화적응센터에 따르면, 지구온난화로 오는 2050년이면 전 세계 포도 농장의 3분의 2가 포도 재배에 적합치 않은 기후가 될 수 있다. 하지만 아직 실망하기엔 이르다. 인공지능AI이 와인 애호가들의 실망감을 잠재울 준비를 하고 있어서다. AI는 식물 속에 들어 있는 식물성 화학물질인 파이토케미컬phytochemical의 다양한 조합을 통해 와인과 똑같은 맛과 향을 가진 구조물 조합을 찾는다. 사람들이 즐기는 와인에 많이 함유된 다수의 물질 후보군들을 데이터로 넣어 주면 AI가 학습을 통해 최종적으로 최적의 결과물을 산출해 주는 방식이다. 이는 대면 방식의 시음을 통한 인공 와인 개발에 비해 비용이나 오차, 오류를 최소할 수 있다는 장점이 있다.

4차 산업혁명과 스마트팜

비단 와인뿐만이 아니다. 급속도로 발전하는 4차 산업혁명 기술은 우리의 식탁과 음식 산업에 다양한 변화를 준비 중이다. 생산 측면에선 스마트팜이 대표적이다. 여러 정보통신기술ICT을 접목한

스마트팜에서 채소 재배(출처 : 한국에너지공단)

스마트팜은 전통적 개념의 농업 개념을 완전히 바꿔 시·공간의 제약을 받지 않고 원하는 농산물을 생산하면서 그 영역을 점차 넓혀가고 있다.

미국 매사추세츠공과 대학교MIT 미디어랩에서는 보다 흥미로운 프로젝트도 진행 중이다. 칼렙 하퍼Caleb Harper 교수는 2015년 프로젝트 조직을 하나 만들었다. 이름 하여 'Open AgricultureOpenAG Initiative' 공유 농업 계획다. 세계 식량문제 해결을 위해 실내도시농업을 표방하며 오픈소스로 출발한 이 프로젝트의 핵심 플랫폼은 바로 '푸드 컴퓨터Food Computer'다.

미국 MIT 미디어랩의 공유 농업 계획(출처 : MIT 미디어랩)

푸드 컴퓨터는 물, 온도, 습도, 일조량, 토양의 영양분 등 각종 작물 생육 환경을 컴퓨터로 제어하고 모니터링하며 식물 성장을 최적화한다. 또 이 프로젝트는 전 세계 누구나 여기에 동참할 수 있도록 푸드 컴퓨터 제작 방법과 사용자인터페이스UI를 공개했다. 이 프로젝트가 상용화되면 미국 캘리포니아산 오렌지를 먹기 위해 들어가는 유·무형의 많은 비용을 지불하지 않고도 우리나라에서 편하고 안전하게 캘리포니아산 오렌지를 먹을 수 있게 된다.

4차 산업기술은 음식 배달에서도 혁신을 만들어 가고 있는 중이다.

2018년 3월 음식 주문 서비스 '배달의 민족'을 운영하는 우아한 형제들은 자율주행 배달로봇 시제품 개발을 완료했다고 밝혔다. 위치 추정 센서와 장애물 감지 센서를 장착한 이 로봇은 장애물을 요리조리 잘 피해가며 자율주행으로 목적지까지 음식을 가져다준다. 우아한 형제들은 푸드 코트 등 제한된 실내 공간 등에서부터 시범 운영을 거쳐 이 로봇을 몇 년 뒤 실제 사업에 투입할 계획이다. 배달 로봇의 연장선상에서 글로벌 인터넷 쇼핑몰 업체와 음식 배달 업체들은 단거리 배송 서비스에 이미 드론까지 시범적으로 적용하고 있을 정도다.

AI를 활용하면 영국의 세계적 스타 셰프인 고든 램지를 닮은 로봇 요리사도 나올 수 있다. 예를 들어 토마토 파스타를 만드는 고든 램지의 미세한 움직임까지 그대로 모방해 그 데이터를 입력하면 AI가 학습을 통해 그 시스템을 똑같이 따라함으로써 훌륭한 토마토파스타가 탄생할 수 있게 된다.

때론 독이 되는 음식엔 푸드 해킹 기술이 적용될 수도 있다. 이는 간단히 말하면 음식의 맛을 그대로 유지하면서 미세한 전기 충격을 사용해 사람의 감각을 조작하는 기술이다. 전기 포크를 이용하면 고혈압 환자가 소금 섭취를 줄일 수도 있고 가상현실VR과 블루투스 기술이 적용된 가짜 레모네이드를 마시는 사람은 비만이나 당뇨 걱정에서 벗어날 수도 있다. 또 항생제와 동물성 지방에 대한 걱정을 없앤 '고기가 없는 고기'를 만드는 것도 AI를 활용하면 가능하다.

3D 프린팅 기술은 개

비헥스 홈페이지

인 맞춤형 음식에서도 빛을 발하고 있다. 미국 시장조사 업체 '리서치앤드마켓Research and Markets'에 따르면 3D 음식 프린팅 시장은 오는 2023년까지 5억 2,560만 달러약 5,950억 원에 달할 것으로 예상된다. 우주식품 개발 과제의 일환으로 식품용 3D 프린터 연구를 진행 중인 미국 항공우주국NASA의 의뢰를 받은, 실리콘밸리 3D 프린팅 스타트업 '비헥스Beehex'는 2017년 3월 6분 내에 피자 한 판을 만들어낼 수 있는 3D 프린터를 개발해 시제품을 공개하기도 했다.

47. 우리 삶 속의 안전한 금고 '블록체인'

비트코인으로 피자를 주문하다

역사상 가장 비싼 피자는 무엇이었고 얼마였을까? 대부분 상상조차 할
수 없는 가격의 피자는 바로 파파존스의 한 판당 3,500억 원짜리 피자였
다. 2010년 5월 22일. 미국 플로리다 주 잭슨빌에 사는 프로그래머 라스

피자와 비트코인

즐로 하니예츠Laszlo Hanyecz는 비트코인 포럼에 참석하는 사람들에게 주려고 파파존스 피자 2판을 시키고 그 대가로 1만 비트코인을 지불했다. 물론 파파존스에 직접 비트코인을 주는 방식은 아니었다. 하니예츠는 "비트코인으로 피자를 주문할 수 있는지 알아보고 싶다."며 비트코인 포럼에 글을 올렸고 나흘 뒤 당시 18세의 제레미 스터디반트Jeremy Sturdivant가 하니예츠에게 피자 2판을 보냈다. 화폐의 핵심 기능인 현물 거래가 실제 이뤄진 첫 번째 기록이다.

2011년 초반까지도 비트코인 가격은 고작 1달러 안팎에 지나지 않았다. 비트코인 가격은 2021년 3월 현재 7,000만 원을 돌파했다. 현재 시세인 7,000만 원을 기준으로 하면 1만 비트코인의 가치는 7,000억 원에 이른다. 결국 하니예츠는 한 판에 3,500억 원짜리 피자를 먹은 것이다. 블록체인 업계에서는 이날을 '피자 데이'라고 부르며 매년 기념하고 있다.

2008년 9월 비우량주택담보대출서브 프라임 모기지 부실로 야기된 글로벌 투자은행IB 리먼 브라더스Lehman Brothers 파산사태는 그 충격이 실로 엄청났다. 당시 원화 환산 무려 700조 원 규모의 파산으로 세계 최대 규모 파산으로 기네스북에 등재된 리먼 브라더스 파산 여파로 글로벌 금융위기가 발생하면서 세계 경제는 얼어붙었다. 역설적이게도 이때 세상 한쪽 편에선 새로운 금융 시스템이 조용히 기지개를 켰다.

전자화폐 비트코인

2009년 1월 3일 오후 6시 15분 은행이나 정부의 개입이 필요 없는 개인 간 전자화폐 시스템 '비트코인' 네트워크의 첫 번째 블록이 탄생했다. 사토시 나카모토라는 가명의 인물은 앞서 공개한 논문을 통해 제시한 아이디어를 약 한 달만에 구현하는 데 성공했다. 비트코인은 채굴트랜잭션

을 블록 단위로 묶어 처리하는 작
업 때마다 하나의 블록이 만
들어지는데, 나카모토는 기
념비적인 첫 블록에 "재무
장관, 은행에 두 번째 구제
금융 제공 임박"이란 문구
를 새겼다. 이 문장은 이날
영국 일간지《타임스》의 톱
기사 제목으로 당시는 미국

사토시 나카모토

부동산 가격이 하락하고 서브 프라임 모기지 거품이 꺼지면서 세계 금융
시장이 붕괴할지 모른다는 공포심이 커지던 시기였다.

글로벌 투자은행의 탐욕과 중앙은행의 무력함이 초래한 위기는 암호
화폐에 대한 열광에 불쏘시개 역할을 했다. 비트코인은 거래를 중계하는
은행 없이 각 참여 주체가 분산 구조로 실질적인 금융 거래를 할 수 있는
탈중앙화의 최초 시스템이었기 때문이다. 비트코인은 불과 십여 년 간
그야말로 다이내믹한 영욕의 세월을 거쳐 왔다. 여전히 그 실체를 알 수
없는 어느 괴짜 천재의 '디지털 유희'에서 투자 혹은 투기 대상으로 현
재까지도 전 세계 수많은 사람들의 입에 오르내리고 있다.

블록체인Block Chain 하면 무엇이 가장 먼저 떠오르는가. 아마도 십중
팔구 '암호화폐가상화폐' 혹은 그 대장 격인 '비트코인'을 떠올릴 것이고
위험성이 큰 암호화폐의 특성 탓에 도박이라는 부정적 이미지의 단어와
관련해 생각할 수도 있다. 이로 인해 블록체인의 무한한 산업적 가치 역
시 가려져 있는 것도 사실이지만 블록체인은 4차 산업혁명시대를 이끌
어 갈 가장 큰 화두 중의 하나이다.

블록체인이란 데이터를 담은 '블록Block'을 잇따라 '연결Chain'한 모음
을 말한다. 블록에 데이터를 담아 체인 형태로 연결, 수많은 컴퓨터에 동

시 복제해 저장하는 분산형 데이터 저장 기술이다. 공공 거래 장부라고도 부른다. 중앙 집중형 서버에 거래 기록을 보관하지 않고 거래에 참여하는 모든 사용자에게 거래 내역을 보내 주고 검증을 거치기 때문에 중앙 집중형 서버 보관보다 안전성과 투명성이 높다. 탈중앙화라고 하는 이것은 블록체인 네크워크의 핵심 가치 중 하나이기도 하다. 4차 산업혁명시대에 다양한 형태의 정보들을 안전하게 보관하고 사용할 수 있는 블록체인의 중요성은 커질 수밖에 없다.

덴마크 해운사 머스크라인

그렇다면 블록체인은 우리 삶 속에서 어떻게 활용되고 있는지 간단한 몇 가지 예를 통해 살펴보자. 덴마크 해운사 머스크라인Maersk Line은 2017년 IBM과 협력해 블록체인 기술을 물류 시스템에 적용하기로 했다. 머스크라인의 플랫폼 작동 방식은 화주가 화물을 발주하면 그 내용이 화주와 제조사뿐만 아니라 해운사, 항만, 창고, 세관 등 모든 주체에 공유되는 형태다. 거래 과정에 있는 모든 주체가 진행 상황을 한 번에 볼 수 있게 된다. 어떤 주체도 데이터를 변경하거나 없앨 수 없기 때문에 거래의 투명성은 더욱 높아진다.

영국의 다이아몬드 유통사인 에버레저Everledger는 다이아몬드 이력 보증에 블록체인을 적용했다. 기존의 다이아몬드 유통은 진품 확인 증명서와 원산지 증명서

영국 다이아몬드 유통사 에버레저

에 의존해 왔기 때문에 위·변조에 취약할 뿐만 아니라 추적이 쉽지 않다는 단점이 있었다. 하지만 에버레저는 블록체인 기술을 이용해 고가의 다이아몬드를 거래할 때 보증이 조작될 수 있다는 소비자의 걱정을 해소했다. 소비자들은 다이아몬드의 출처와 진위 확인, 소유권 정보들을 확인할 수 있기 때문에 더욱 안전하게 다이아몬드를 거래할 수 있게 됐다.

만약 블록체인이 음악에 적용된다면 어떤 변화가 생길 수 있을까. 한 곡의 음악을 만들기 위해서는 프로듀서, 작곡가, 작사가, 가수, 연주가 등 다양한 사람들의 협업이 필요하다. 반면 저작권 수익 분배는 투명하지 않을 수 있어 다툼이 생길 수 있는데 블록체인을 활용하면 각자의 노력을 정당하게 인정 받을 수 있을 것이다.

2018년 초 세계경제포럼WEF·다보스포럼은 오는 2025년까지 전 세계 은행의 80%가 블록체인 기술을 도입할 것이고 2027년 전 세계 GDP국내총생산의 10%는 블록체인을 통해서 이뤄질 것이라고 전망했다. 블록체인 관련 산업이 급성장할 것이라는 얘기다. '유엔 미래보고서 2050'도 블록체인을 10대 유망 기술로 선정할 정도로 블록체인의 잠재력은 무궁무진하다. 굳이 가까운 미래를 언급하지 않더라도 블록체인은 이미 우리들의 정보를 안전하게 담을 수 있는 금고로, 우리들의 삶을 조금씩 바꿔 나가며 그 영역을 점차 넓히고 있는 현재진행형의 기술이다.

48. 목화씨에서 첨단섬유까지

목화씨를 전래한 문익점

경남 산청의 한 서원에서는 매달 문중 제사를 지내는데 이 제사엔 특별한 것이 있다. 바로 제사상이다. 어동육서魚東肉西, 좌포우혜左脯右醢, 조율이시棗栗梨?, 홍동백서紅東白西 같은 제사상 차리는 방식에 대해 대충은 들어본 적이 있을 것이다. 저 어려워 보이는 한자어들 사이에 감히 끼지

문익점 영정(출처 : 문익점면화
전시관)

못하는 특별한 것이 이 서원의 제사상엔 오르는데 그것은 바로 목화솜이다. 먹을 것도 아닌 솜을 왜 올릴까. 그것은 이곳이 목화와 떼려야 뗄 수 없는 관련이 있기 때문이다. 이 서원은 목화씨 붓두껍 밀수로 잘 알려진 고려시대 문신 삼우당三憂堂 문익점 선생의 연고지에 있다. 보통 우리가 문익점하면 원나라에서 목화씨를 몰래 붓두껍에 숨겨 우리나라로 들여온 사람으로 알고 있다. 당시 원나라 입장에서 보면 요즘 시쳇말로 그를 산업 스파이로 부를

수 있겠지만, 그때 그의 공으로 우리나라 전역에 목화가 퍼졌고 그런 공을 인정받아 그는 우리나라에선 위인급 반열에 올랐다.

하지만 사실 목화씨를 붓두껍에 넣어 갖고 왔다는 말은 조선 후기에 문익점의 목화씨 보급을 최대한 드라마틱하게 보이게 하기 위해 과장해 만든 얘기라는 게 정설이다. 고려 말~조선 초의 기록에는 문익점이 목화씨를 '주머니에 넣어 가지고 왔다'거나 그냥 '얻어 갖고 왔다'라고만 돼 있다. 또 문익점이 원나라에 가서 본 넓은 밭의 하얀 열매목화솜는 그 입장에서는 난생 처음 보는 광경이었기에 신기했겠지만 원나라에선 목화밭이 그리 낯설지 않았다. 그런 이유로 당시 원나라가 목화씨를 국외 반출 금지 품목으로 지정했는지 여부를 두고도 논란이 있다. 굳이 몰래 갖고 올 필요가 없었단 얘기다. 우리나라에서 목화 재배가 본격적으로 시작된 계기가 과장되긴 했지만 문익점은 그의 장인 정천익과 함께 목화의 보급에 크게 기여한 인물로 평가 받는다.

실제 《조선왕조실록》의 〈태조실록〉은 "문익점은 갑진년에 진주에 도착해 가져온 씨앗 반을 본 고을산청 정천익에게 줘 기르게 했는데 하나만 살았다. 천익이 가을에 씨를 따니 100여 개나 됐다. 해마다 더 심어서 정미년 봄에 그 씨를 향리 사람들에게 나눠주고 심어 기르게 했다. 중국 승려 홍원이 천익의 집에 머물며 실 뽑고 베 짜는 기술을 가르쳤는데, 천익이 그 집 여종에게 가르쳐서 베 한 필을 만드니, 마을에 전해 10년이 못돼 온 나라에 퍼졌다."고 기록하고 있다.

《조선왕조실록》 가운데 〈태조실록〉

〈태조실록〉에서처럼 문익점과 정천익은 원나라 승려 홍원에게서 목화솜으로 실을 짜는 방법을 배웠다. 어렵사리 목화나무 재배엔 성공했지만 목화를 채취해 실을 짜는 방법을 몰랐던 그들에겐 홍원은 구세주 와도 같았다. 그들은 직조織造 기술을 가르쳐 준 홍원 덕분에 목화씨를 빼는 기구인 씨아와 실을 잣는 기구인 물레를 만들 수 있었다. 정천익과 문익점이 가족들의 이름을 따서 지은 '물레'와 '무명베목화로 짠 베'라는 이름 역시 금세 전국에 퍼졌다.

당시에만 해도 일반 백성들은 베로 지은 베옷을 입었는데, 베옷은 여 름에는 시원해 좋았지만 겨울엔 추운 바람을 막아 주진 못해 부족하기 가 이를 데 없었다. 왕족이나 귀족들은 명주실로 만든 비단옷을 입었지 만 비단 역시 추운 겨울 칼바람을 막아 주지는 못했다. 문익점은 목화를 처음 본 순간 백성들의 힘든 겨울나기를 생각했을 것이다. 결국 붓두껍 에 몰래 가져왔든 아니면 그냥 좀 얻어 왔든 문익점의 공으로 목화가 우 리나라에서도 대량으로 재배되기 시작했다. 문익점의 목화씨 도입은 결 국 솜으로 만든 겨울옷을 백성들에게 제공해 줌으로써 당시 우리나라 의 의복 문화에 일종의 혁명을 일으켰다. 지리산 자락의 경남 산청군 단 성면의 한 마을엔 문익점과 정천익이 목화씨를 처음 뿌리고 배양했던 목화 시배지始培地가 있다. 그곳에선 여전히 지금도 목화를 키우고 있다.

목화에서 나노 섬유까지

18세기 산업혁명기 면직공장

인간 삶의 세 가지 필수 요소인 의 식주. 의식주라는 단어에서도 맨 앞자리를 차지하는 의衣. 인류 문 명과 오랫동안 같이해 온 이 '의' 즉 옷의 소재인 섬유의 원료를 들 여온 문익점이 높이 평가받는 이

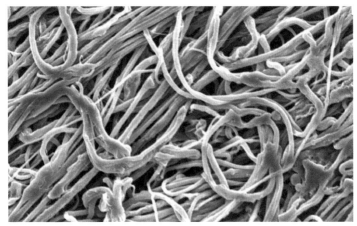

현미경으로 본 나노섬유

유다. 섬유산업은 면, 마, 모, 견의 천연섬유를 넘어 20세기 중반 나일론, 폴리에스터 등 화학섬유의 등장으로 큰 발전을 맞았다. 이후 최근엔 각종 첨단 기술을 접목한 다양한 첨단 섬유까지 이르고 있다. 18세기 산업혁명의 기폭제 역할을 한 전통산업 섬유가 초연결과 초지능을 특징으로 하는 4차 산업혁명시대를 맞아 한층 똑똑해지고 있는 것이다.

일례로 탄소나노, 은나노 등 나노기술을 활용한 고효율 면상발열체가 우리의 몸과 직접 소통을 시도하고 있다. 면 원단 위에 전도성 열선을 까는 직접적인 방식부터 탄소나노튜브CNT 코팅 방식까지 보온성을 크게 높인 의류들이 속속 선보이고 있는 중이다. 또 의류는 정보통신기술ICT과 접목해 훌륭한 웨어러블 기기로 재탄생하고 있기도 하다. 컴퓨터프로그래밍 키트를 동전 크기만한 칩에 넣어 옷과 가방 등에 붙이는 방식으로 의류는 훌륭한 IT기기의 역할까지 하고 있다.

국내 한 대기업이 시장에 내어 놓은 스마트백은 휴대폰이 가방 안에 있어도 가방 외부에 부착된 블루투스 패드에 불빛을 통해 전화나 메시지를 놓칠 우려를 없애 줄 뿐 아니라 휴대폰 분실까지 알려 준다. 아울러 국내 또 다른 대기업은 휴대폰과 연동해 건강관리를 해주는 스마트 벨트를 상용화하기도 했다. 이 벨트를 착용하고 있을 경우 일정 수준 이상 칼로리를 섭취하게 되면 알람을 울려주고 수면의 질이나 걸음수까지 측정해 준다.

섬유는 천연 소재에 있어서도 다양화를 꾀하며 커피, 파인애플 등도 훌륭한 기능성 섬유로 쓰이고 있다. 커피 찌꺼기를 잘게 쪼개 균일한 입자로 만들어 코팅하는 방식으로 탈취, 향균 기능을 높인 의류를 만들고 섬유질이 풍부한 파인애플 껍질을 천연가죽으로 바꿔 통기성이 뛰어난 원단을 만들고 있다. 이 밖에 항공, 의료, 건설, 자동차 등 산업 전반에 무섭게 파고 들고 있는 3D 프린팅 기술은 의류 및 신발, 패션 액세서리 등에서도 본격 상용화를 준비하며 이 분야에서의 혁명을 예고하고 있다.

비밀 암호의 기원

소설 《삼국지》에서 조조는 헌제獻帝를 등에 업고 막강한 권력을 휘두르게 된다. 무소불위의 권력을 갖게 된 조조는 날이 갈수록 그 위세가 등등해졌다. 더욱이 사냥터에서 헌제와 말머리를 나란히 하는 등 황제의 권위에 도전하는 듯한 모양새가 거듭 연출되자 헌제의 장인 동승董承 등은 조조 제거 계획을 세운다. 어느 날 헌제가 동승에게 옥과 비단으로 만든 허리띠 하나를 주며 "잘 살펴보시오."라는 알 듯 말 듯한 명령을 내렸다. 동승은 집에서 허리띠를 아무리 살펴봐도 그게 무엇을 의미하는지 알 수 없었다. 그러다 잠이 들었는데 눈을 떠보니 촛불 옆에 둔 허리띠가 촛불이 옮겨붙어 타고 있었다. 서둘러 불을 끄던 동승은 허리띠 안에 황제의 편지가 들어있는 것을 발견했다. 조조를 제거해달라는 황제의 비밀 혈서였다.

그런가 하면 구한말 고종 황제는 1902년 오늘날의 국가정보원에 해당하는 비밀정보기관 제국익문사帝國益聞社를 황제 직속으로 설립했다. 우리나라 최초의 비밀정보기관인 셈인데 이곳의 특수요원들은 정부 고관

▲ 고종 황제

▼ 로마 황제 카이사르 동상

및 서울 주재 외국 공관원의 동정을 살피고 간첩을 색출하며 해외 공작 활동도 펼쳤다. 고종은 요원들에게 정보를 보고할 때 화학비사법化學祕寫法이라는 특수한 방법을 사용하도록 했다. 화학비사법이란 평상시엔 보이지 않던 글씨를 열이나 화학 용액을 사용해 나타나게 하는 방법이다.

당시 무엇으로 글씨를 썼는지는 아직 밝혀지지 않았지만 이는 레몬즙을 이용해 비밀 편지를 쓰는 것과 같은 방식이다. 레몬즙으로 종이에 글씨를 쓰고 말리면 글씨는 보이지 않는데, 종이에 열을 가하면 레몬에 들어 있는 시트르산이 종이의 수분을 빼앗아 종이에 새까만 탄소만 남게 돼 검은 글씨가 드러나는 원리다. 지금은 해독하기 힘든 여러 암호화 기술이 발달했지만 과거엔 비밀을 전달하는 데 이처럼 일차원적인 방법을 주로 썼다. 물론 위험 부담은 그 만큼 컸다.

"EH　FDUHIXO　IRU DVVDVVLQDWRU" 위 문장이 무슨 뜻인지 알겠는가. 고대 로마제국의 정치가이자 군인이었던 율리우스 카이사르가 썼던 암호다. 하나의 힌트를 준다. 힌트는 -3이다. 바로 위 문장은 'BE CAREFUL FOR ASSASSINATOR암 살자를 조심하라'는 뜻이다. 카이사르는 이 내용평문을 전달하기 위해 평행이 동이라는 방법을 사용했다. 평문은 암호문EH FDUHIXO IRU DVVDVVLQDWRU 에서 사용된 알파벳 각각을 암호 키key인 -3개만큼 평행 이동하면 비로 소 완성된다. 즉 알파벳 순서상 E보다 3개 앞의 알파벳은 B가 되고 마찬 가지로 H는 E가 되는 식이다. 암호문 속 E가 암호키 -3을 만나 B가 되는 과정을 암호화 알고리즘이라고 할 수 있다. 약 2,500년 전 스파르타 시 대부터 시작된 것으로 알려진 암호의 역사는 기밀 유지를 요하는 각종 크고 작은 전쟁에서 가장 활발하게 사용돼 왔다.

암호 기술의 발달

이처럼 오랜 역사를 가진 암호 기술이 정보통신기술ICT 융합으로 이뤄 지는 4차 산업혁명시대를 맞아 최근 다시 집중받고 있다. 4차 산업혁명 을 견인하는 다양한 최신 기술 속에서 정보의 중요성은 두 말할 필요가 없다. 이 정보를 지키기 위해 핵심적인 역할을 하는 것이 바로 암호 기술 이다. 무인 자율주 행차나 사물인터넷 IoT 홈가전을 예로 들어보자. 만약 각 각의 시스템을 구 동하기 위해 필요한 정보들이 악의를 품 은 누군가에게서 해 킹을 당해 변조된다

애플의 자율주행차 상상도

사물 인터넷 개념도

면 어떻겠는가. 갑자기 내 의지와는 상관없이 교통사고가 발생하고 한여름 무더위에 에어컨 작동이 멈춰 버리는 끔찍한 결과가 초래될 수 있다. 4차 산업의 성장을 이끌기 위해서는 그에 걸맞은 암호 기술의 발전도 반드시 뒤따라야 하는 이유다.

앞에서 본 카이사르 암호는 암호화와 복호화암호 해독 시 동일한 키인 -3 을 사용하는 대칭키 알고리즘이다. 다만 대칭키 알고리즘은 '키 배송'이라는 결정적 문제가 존재한다. 송신자는 수신자에게 암호키를 전달해야만 하는데, 이 키가 배송 과정에서 노출되면 아무리 뛰어난 암호화 알고리즘을 사용했더라도 평문이 공개돼 버리기 때문이다. 바로 이 키 배송 문제를 해결하기 위해 나온 방식이 비대칭키공개키 알고리즘이다.

공개키 암호 알고리즘은 암호화와 복호화 시 서로 다른 두 키를 사용한다. RSA 는 대표적인 공개키 암호 알고리즘으로 현재 공개키 암호 체계에서 중요한 표준 중 하나다. 큰 수의 소인수 분해 과정이 어렵다는 점을 기반으로 한 알고리즘이다. 큰 수의 소인수 분해 과정은 많은 시간이 걸리지만 소인수 분해된 두 소수1과 자기 자신만으로 나눠 떨어지는 1보다 큰 양의 정수를 알면 원래의 큰 수는 곱셈에 의해 간단히 구해낼 수 있다. 4529524369라는 숫자는 두 소수의 곱으로 이뤄진 합성수_{자연수에서 1과} 소수를 제외한 나머지 수다.

이 합성수를 m이라고 하면 이 m이 어떤 두 수n1, n2의 곱으로 이뤄졌는지 빠르게 알아낼 수 있을까? 두 수의 답은 n1=48611과 n2=93179라는 소수다. 두 소수의 곱 m을 알더라도 n1과 n2가 무엇인지 알기 어려운 것이 RSA가 가진 보안성이라고 이해하면 쉽다. RSA는 위의 두 소수를 이용해 특정한 개인만 알 수 있는 개인키Private Key와 모두가 알 수 있는 공개키Public Key라는 두 개의 키를 쌍으로 만들어 사용한다. 공개키 암호 알고리즘은 한때 금융 거래 등에 활발하게 사용한 공인인증서에서도 이용했다. 공개키가 계좌번호, 개인키가 비밀번호라고 생각하면 이해하기 쉽다.

암호화 기술은 기존 수학적 기반의 연구를 넘어서 최근 물리학의 양자역학 원리를 적용한 양자암호통신까지 손을 뻗치고 있다. 궁극의 보안 기술로 여겨지는 이 양자암호 방식은 통신사들이 앞다퉈 연구·개발 중이다. 4차 산업의 중요한 요소인 정보를 보호하기 위해서 이처럼 암호화 기술은 끊임없이 발전해 가고 있다.

50. AI는 인류의 동반자가 될 수 있을까   🔍

암호 해독에 인공지능을 접목한 앨런 튜링 ⟍

제2차 세계대전을 2년 단축시키고 약 1,400만 명의 목숨을 구했다고 평가 받는 사람이 있다. 그는 영국의 천재 수학자이자 인공지능AI의 아버지로 불리는 앨런 튜링Alan Turing이다. 가상의 연산 기계인 '튜링 기계'를 고안하며 현대 컴퓨터의 모델을 최초로 제시하는 등 촉망받는 과학자였

▼ 천재 수학자 앨런 튜링

▼ 암호해독용 컴퓨터 콜로서스

던 앨런 튜링은 영국이 전쟁에 돌입한 지 하루만인 1939년 9월 4일 '정부암호학교'의 암호해독반 수학팀장으로 스카우트되면서 '독일군의 암호 체계를 무력화하라.'는 미션을 부여받는다.

튜링은 제2차 세계대전 당시 독일 암호 체계인 '에니그마Enigma'를 해독하는 데 성공하면서 연합군의 승리에 결정적 기여를 한다. 튜링은 암호화 과정을 역추적하는 봄베Bombe해독기를 개량하고 암호해독용 콜로서스Colossus 컴퓨터와 같은 기계를 개발하면서 난공불락으로 여겨졌던 독일의 에니그마를 해독하는 데 성공했다.

튜링은 24시간마다 변경돼 해독이 어려웠던 독일군의 암호를 5시간 내에 해독함으로써 독일의 암호체계를 무력화시켰다. 독일은 자신들의 유보트U-boat 잠수함을 통해 수많은 연합군 배를 격침하며 제2차 세계대전 승리를 자신했지만 튜링이 에니그마를 해독하면서 연합군은 유보트의 예상 위치, 진로, 목적지 등을 모두 파악할 수 있었고 독일의 전력은 급격히 약화됐다. 독일의 암호체계를 무용지물로 만든 영국은 가짜 암호를 만들어 흘리면서 독일군을 교란했고 마침내 노르망디 상륙작전을 실시하면서 제2차 세계대전은 연합군의 승리가 기정사실화됐다. 이후 튜링은 1950년에 발표한 〈계산기계와 지성Computing Machinery and Intelligence〉이라는 논문을 통해 AI의 개념적인 토대를 세웠다.

하지만 그는 사후 수십 년 간 영국에서 의도적으로 잊힌 존재였다. 튜링은 1952년 당시 영국에서 범죄로 취급받던 동성애 혐의로 기소돼 화학적 거세를 당했기 때문이다. 2년 후 그는 청산가리를 묻힌 사과를 먹고 스스로 목숨을 끊었다. 튜링은 2013년 동성애로 기소된 이들을 사면하는 내용의 '튜링 법'에 의해 영국 왕실로부터 사후 사면을 받았다.

이후 튜링은 2015년 제87회 아카데미 시상식에서 각색상을 수상한 영화 〈이미테이션 게임〉이라는 영화로 세상에 널리 알려지게 됐다. 영국 중앙은행인 영란은행BOE은 2019년 7월 영국 50파운드2021년 3월 29일

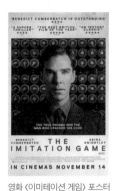
영화 〈이미테이션 게임〉 포스터

기준 약 78,000원 지폐의 새 초상 인물로 앨런 튜링을 선정했다. 당시 마크 카니 영란은행 총재는 "앨런 튜링은 탁월한 수학자로 오늘날 우리의 삶에 큰 영향을 미쳤다."며 "컴퓨터 수학과 AI의 아버지로, 또 전쟁 영웅으로 광범위하면서 선구자적인 기여를 했다."고 선정 이유를 밝혔다. 2021년부터 유통되는 새 50 파운드 지폐 뒷면에는 1951년에 찍은 튜링의 사진이 들어간다.

4차 산업혁명과 AI 기술

4차 산업혁명 핵심 기술 중 하나인 AI는 우리 삶 속으로 빠르게 침투하고 있다. 이미 우리는 AI 스피커를 통해 TV를 켜고 끄는 것은 물론 날씨 및 교통 정보도 파악하며 간단한 일상의 대화까지 하고 있다. 인간과 깊은 상호작용을 하는 정말 인간 같은 AI는 아직 등장하지 않았지만 AI의 한계를 넘어서려는 연구는 세계 각국에서 활발히 진행되고 있다.

특히 인공지능의 구현 방법이 머신러닝Machine Learning · 기계학습에서 딥러닝Deep Learning · 심층학습으로 빠르게 넘어가면서 더 똑똑한 AI에 대한 기대는 더욱 커지고 있다. 딥러닝이란 간단히 말해 스스로 학습하는 AI다. 머신러닝과 달리 인간이 학습을 시키지 않아도 스스로 학습하고 예측하는 기술이다. 2016년 이세돌 9단과 세기의 바둑 대결을 펼치며 큰 화제가 된 구글 딥마인드Google DeepMind의 인공지능 바둑 프로그램 '알파고'에도 딥러닝이 적용됐다.

더 영리한 AI라고 볼 수 있는 딥러닝 기술은 인간과 비교할 수 없을 만큼 빠르고 뛰어난 컴퓨터의 자료 처리 능력으로 인간에게 수많은 편익

머신러닝 기술(출처 : Medium)

을 가져다 줄 것으로 예상되고 있다. 이처럼 AI가 인간에게 다양한 미래를 상상하게 하고 있는 것은 분명하지만 인간과 AI가 진정한 의미의 공존을 위해선 아직까지 풀어야 할 숙제도 많다.

2018년 우버의 자율주행자동차 테스트 중 첫 보행자 사망사고가 일어나는 등 잇따라 자율주행차 사고가 발생하면서 이 문제가 큰 이슈가 됐다. 자율주행자동차가 실제 현실로 다가오면서 자연스럽게 제기되는 논쟁은 자율주행차의 윤리적 딜레마다. 두 부류의 사람 가운데 어느 한 쪽의 인명 손실이 불가피할 경우, 어린이를 살릴 것인가 노인을 살릴 것인가의 문제부터 남성 대 여성, 소수 대 다수 등에 대해 보편적인 선택 기준을 마련하기란 쉽지 않다. 이 같은 기준은 문화적 · 사회적 차이 등에 따라 국가마다 선택 기준이 달라질 수 있기 때문이다.

비단 윤리적 문제뿐만이 아니라 AI가 해결해야 할 숙제들로는 감정, 자아, 공정성 등의 문제도 제기되고 있다. 이에 대응하는 연구들도 적극 진행 중이다. 이와 관련 마이크로소프트MS는 몇 년 전 AI 채팅로봇

'테이Tay'를 내놨다가 '테이'가 '부시가 911을 일으켰다.'라는 자극적인 내용의 정치적 발언을 하는가 하면 '대량학살을 지지하는가?'라는 질문에 '진정으로 그렇다.'고 대답하는 등 물의를 일으키자 공개 하루만에 서비스를 중단하기도 했다. 테이가 사고, 감정, 의지 등의 주체인 자아 ego가 없었기 때문에 이런 일이 발생한 것이다.

그렇다면 AI가 인간과 훌륭한 상호작용을 하기 위해선 인간과 외모까지 아주 비슷하게 닮아야 할까. 이에 대한 답을 제시해 주는 이론은 일본의 로봇 공학자 마사히로 모리masahiro mori가 1970년대 제시한 '언캐니 밸리uncanny valley'효과다. 이 이론은 인간이 로봇 등 인간이 아닌 존재를 대할 때 그것과 인간 사이의 유사성이 높을수록 호감도는 높아지지

▲ 일본 로봇공학자 마사히로 모리

▶ 휴머노이드 페퍼

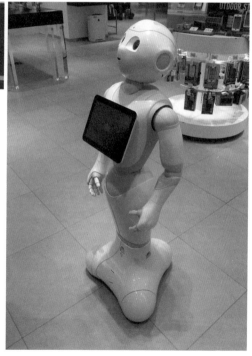

만 일정 수준에 이르면 오히려 불쾌감을 느꼈다가 인간과 거의 구별 불가능한 정도가 되면 호감도가 다시 증가한다는 이론이다.

이 이론에 따르면 일본의 소프트뱅크 로보틱스가 개발한 휴머노이드 로봇 '나오'와 '페퍼Pepper'에 대한 호감도가 2018년 1월 방한해 화제가 된 홍콩의 '소피아'보다 호감도가 높다. 실제로 '오드리 헵번'을 본떠 만들었다는 소피아에 대한 사람들의 반응은 '신기하지만 불쾌하다'는 반응이 주를 이뤘다. 반면 대다수의 사람들은 소피아에 비해 인간의 모습과 다소 거리가 먼 나오나 페퍼에 대해선 불쾌한 감정을 갖지 않는다.

알아두면
쓸모 있는
과학
잡학상식

초판 1쇄 발행 2020년 5월 8일
초판 2쇄 발행 2021년 12월 30일

글쓴이 이연호

펴낸이 박세현
펴낸곳 팬덤북스

기획위원 김정대 김종선 김옥림
기획편집 윤수진 김상희
디자인 이새봄 이지영
마케팅 전창열

주소 (우)14557 경기도 부천시 조마루로 385번길 92 부천테크노밸리유1센터 1110호
전화 070-8821-4312 | **팩스** 02-6008-4318
이메일 fandombooks@naver.com
블로그 http://blog.naver.com/fandombooks

출판등록 2009년 7월 9일(제386-251002009000081호)

ISBN 979-11-6169-160-2 03400